教科書沒有告訴你的奇趣冷知識

不思議篇

明報出版社編輯部 編著

目錄

大自然的鬼斧神工

穿越時空的神奇物品

令人大喊不可思議的大自然生物

人類的創意無限

向世界新七大奇蹟出發

不思議的想像世界

膽小者不要看的不思議事物

大自然的
鬼斧神工

天上的彩虹
墜落在秘魯的地上？

香港有一條彩虹邨，而在南美洲的秘魯，也有一個地方以「彩虹」命名，那就是彩虹山。

彩虹山位於安第斯山脈，海拔高度 5,200 米，當地原居民使用克丘亞語，稱它為「Vinicunca」，意思是「彩色的山」。這座山峰上只有很少植物，紅、黃、藍、綠等岩石顏色層層交疊，就像彩虹從天而降，化為山峰。

這種特別的地貌是怎樣形成的呢？答案是和地球板塊的移動息息相關！板塊是地球最上層的岩石圈，地球表面由很多塊分裂的板塊組成，而底下的岩漿活動會導致板塊移動和相互碰撞。南美洲板塊和納斯卡板塊從 7,000 萬年前開始已不斷碰撞，兩者擠壓時，在南美洲板塊邊緣形成褶皺，經歷了漫長的時光，漸漸形成安第斯山脈。

板塊運動引致的地震和火山爆發，豐富了這片土地中的礦物成分，而不同的礦物會呈現不同的顏色，例如紅色來自泥板岩和黏土，粉紅色來自泥岩、沙和紅黏土的混合物，土黃色來自以錳質岩組成的扇礫岩，芥末黃色來自褐鐵礦和富含硫礦物的鈣質砂岩，綠色來自富含鎂鐵成分和氧化銅的黏土，白色則來自砂岩和石灰岩。

連年風雨侵蝕了岩層的表面，剝落的碎屑隨着水流移動、沉澱，這些沉積物會按照礦物成分的重量堆疊起來，隨着板塊運動而不斷被抬升，最後形成彩虹山層層相疊、色彩斑斕的地貌。

雖然這座色彩鮮豔的彩虹山歷史悠久，但直至 2013 年前，人們都不知道它擁有如此壯觀的景致，因為山上一直都被冰雪覆蓋。隨着氣候變化，山上積雪消融，彩虹山的美麗顏色才展露於世人面前，吸引各地遊客前往觀賞。

除了秘魯的彩虹山外，在中國甘肅省的張掖、美國的科羅拉多高原等地也能找到相似的彩色地貌。地球大自然景觀的形成真奇妙呢！

美國有個顛覆地球重力的「神秘點」？

水往下流、拋到空中的物件會往下掉——這些都是證明地球有重力的例子，但在美國竟然有一個顛覆地球重力的「神秘點」（Mystery Spot）！

1939 年，美國人喬治 ・ 普拉瑟（George Prather）在加州北部聖塔克魯茲市的近郊購入了一片土地，請測量師勘察時，發現指南針在某處無法正常運作，所得數據偏差達到 180 度之高，這個神秘點的直徑大約為 46 米，身處其中更會感到頭暈。普拉瑟對這怪異現象很感興趣，於是在神秘點興建了一間小屋，並對外開放參觀。

這裏不只磁場異常，就連重力也非常怪異。小屋與地面相比傾斜了 35 度，當人們把木板放在窗戶邊緣，並把球從木板上滾下去時，球居然從低處滾向高處，完全顛覆了重力！

後來有人把一顆金屬球掛在小屋的天花板上，一般來說，金屬球靜止時應該與地面垂直，但在小屋裏，金屬球居然歪向一邊。此外，走進小屋後，人們的身體會開始傾斜，在屋子最斜的地方，遊客甚至能傾斜至 45 度仍不會跌倒。不少遊客都喜歡在這裏拍照，記錄自己反重力的壯舉。

到底是什麼原因令神秘點出現這麼多反重力的現象呢？有科學家相信，這是「視覺錯覺」造成的。視覺錯覺是指圖像的結構欺騙了我們的眼睛，令我們出現錯誤認知的情況。在神秘點，由於屋子傾斜，人們無法準確判斷出水平線，視覺感知的能力因而出錯，無法判斷高低，於是產生出球從低處滾往高處等錯覺。這些錯覺令人們失去平衡感，所以容易出現頭暈等不適症狀。

儘管科學能夠解釋在神秘點中出現高低錯覺的原因，但仍無法說明為什麼指南針會在這裏失效。你有興趣前往神秘點，探索這個謎團嗎？

亞伯拉罕湖中
有不會消失的氣泡？

喝汽水時，你能看到水中的氣泡不斷冒起，然後爆開；但有一個地方，氣泡卻會待在冰裏，不會消失，這個神奇的地方就在加拿大的亞伯拉罕湖。

亞伯拉罕湖位於加拿大洛磯山脈，是一個接近 54 平方公里大的人造湖泊，於 1972 年興建。每到冬天，湖水結冰後，冰裏都會出現一顆又一顆圓圓的氣泡，即使人們在冰面上行走，冰中的氣泡也不會消失，更能看見氣泡出現在冰中深淺不同的地方，真的非常奇特！由於這些美麗的氣泡，所以亞伯拉罕湖又有「氣泡湖」之稱，每年冬天吸引大批遊客，在湛藍的冰面上與泡泡打卡合照。

意想不到的是，這些美麗的氣泡，並不單純是空氣！原來亞伯拉罕湖的湖底長滿植物，還有不少微生物生存，當這些生命死亡、腐爛後，便會釋放出「甲烷」這種氣體，形成大量氣泡，不斷湧向湖面。而在冬天來臨後，氣溫急降，湖水開始結冰，植物釋放出來的甲烷於是被封鎖在湖水之中，形成不會消失的氣泡。

甲烷非常容易燃燒，只要有一丁點火星，便會引起大規模的爆炸，所以非常危險！而它和空氣中的二氧化碳一樣，是會讓地球氣溫上升的溫室氣體，但甲烷讓大氣層變暖的能力比二氧化碳高二十倍。春天來臨時，當亞伯拉罕湖的冰融化後，這些氣體便會湧向大氣層，為人類帶來威脅。

更有科學家擔心，隨着氣候暖化，亞伯拉罕湖將會釋放出愈來愈多甲烷，而甲烷又會引致溫室效應，形成惡性循環。這樣惡化下去，地球上或許會出現更多釋放出甲烷的湖，令地球面臨更大的氣候危機。

沒想到夢幻的氣泡湖居然會傷害地球！我們在欣賞美景的同時，也要記住好好保護環境，不然地球的氣候變得愈來愈反常時，我們就要自食苦果了。

死亡谷的石頭會走路？

小鳥會飛，魚兒會游，人會行走，但你有沒有想過，原來沒有腿、沒有生命的石頭，竟然也會「走路」？

這些會「走路」的石頭經常出現在美國加州死亡谷國家公園西北部的跑道乾鹽湖（Racetrack Playa），這是一個幾乎常年乾涸的旱湖。早在 1915 年，一位探礦者就在這裏發現石頭下方有長長的移動痕迹，後來人們便把這些會移動的石頭稱為「迷蹤石」。輕的迷蹤石重數十克，重的則可超過 300 公斤。根據科學家在 1969 年的觀察，當地所有石頭都曾在過去一年間移動，跑得最遠的石頭更移動了超過 350 米！

迷蹤石會移動的原因一直眾說紛紜，直至2014年，科學家利用縮時攝影和全球定位系統，成功追蹤石頭走路的過程，終於揭開這個謎團。

雖然跑道乾鹽湖大部分時間都十分乾燥，河牀總是呈現乾涸、龜裂的樣子，但這兒冬天的氣候潮濕，湖畔的山區會下雨下雪，雨水和冰雪融化後會流進湖中，形成淺淺的小池塘，但水卻沒有蓋過湖面的石頭，這就為迷蹤石創造了滑行的第一個條件。第二個條件是晚上寒冷的氣溫把小池塘凍結起來，凝結成3至6毫米不等的冰層。第三個條件則是白天的太陽，溫暖的陽光把冰面曬得融化。這時候，只要第四個條件——風出現，輕輕一吹，薄薄的冰層會分裂成大片的浮冰，堆積在石頭後面，隨着風力和水流推動石頭移動，使石頭在湖面上拖行出長長的痕迹。根據紀錄，迷蹤石每分鐘可以被推動2至5米，行動甚至比陸龜、樹獺等有手腳的動物更敏捷呢！

總而言之，迷蹤石之所以能移動，其實是湖水、冰、氣溫變化和風聯手合作的結果，大自然的互相配合竟然出現如同魔法般的效果，是不是很神奇？也許世界上還有其他令死物移動的自然現象等待我們去發掘呢！

銀河降落在馬爾代夫的沙灘上？

你有沒有幻想過，如果天上的銀河掉進海裏，會變成怎樣的美景呢？在馬爾代夫，你真的能看到像這樣的風景！

馬爾代夫北部有一個名叫「瓦度」（Vaadhoo）的小島。在白天，這裏只是一個普通的海島；但到了夜晚，這裏的海岸就會搖身一變，變成「星星之海」。瓦度島沿岸會發出星星點點的藍光，好像天上的銀河降落到海岸上一樣，當地人把這些光點稱為「藍沙」或「藍眼淚」。當浪花湧到岸邊，這些藍色「星星」更會沖到遊客腳邊，沙灘上也會留下點點藍光。

你一定很好奇這些「星星」到底從何而來，原來這是「生物發光現象」！馬爾代夫海灘上的藍色光芒，來自一種名為「多邊舌甲藻」的浮游生物，牠屬於甲藻門（也稱作雙鞭毛藻），既不是植物也不是動物，而是一種單細胞生物。當牠們受到擠壓刺激，例如被海浪沖到岸上時，便會發出光芒。不過，離開海水後，牠們只能生存大約 100 秒，隨着藍光消退，牠們的生命就隨之結束。

不像螢火蟲發光是為了吸引異性交配，多邊舌甲藻發出的藍光，其實是一種防禦機制，用以阻止其他海洋生物把牠們吃掉。因為當牠們被吃掉後，會繼續在掠食者的體內發光；換言之，吃掉牠們的生物，反過來會更容易被其他更大的掠食者發現，實在是得不償失啊。所以，發光是多邊舌甲藻保護自己不被吃掉的招數。

另外，多邊舌甲藻帶有毒素，大量繁殖的時候會影響水質，毒素更可能積聚在貝類海產體內，人們吃掉這些海產，可能會影響健康。而多邊舌甲藻等甲藻生物大量繁殖，往往與人類破壞環境有關，人們將污水、農業化肥排入大海，讓海水中的化學物增加，為甲藻生物提供了繁殖的養分，影響海洋生態平衡。

美麗的「星星之海」雖然看起來很漂亮，但實際上並不那麼美好呢。

在太空可以
與撒哈拉沙漠對視？

你知道撒哈拉沙漠擁有一隻「眼睛」嗎？不過，這隻「眼睛」只有太空人才看得見。

在非洲的撒哈拉沙漠西部，有一片海拔高度接近400米、直徑約50公里的巨型同心圓地形，稱為「理查特結構」。「同心圓」即是像箭靶一樣，由數個大小不同但擁有同一個中心的圓形所組成。這片地形就像一隻炯炯有神的眼睛，因此它亦獲得了「撒哈拉之眼」的美名。

由於「撒哈拉之眼」太大了，要從太空中俯視，才能看得見它的全貌。1960年代，參與美國雙子星太空飛行計劃的太空人，就利用了「撒哈拉之眼」作為追蹤降落進度的地標，並拍攝了首張呈現「眼睛」全貌的照片。

但這隻「眼睛」是怎樣形成的呢？早在 1930 年代，地質學家已發現了這個特別的地形，稱之為「理查特隕坑」，可見最初他們以為這是隕石撞擊地面所留下的痕迹。然而，經過大量研究，人們發現地形抬升與侵蝕作用，才是沙漠張開「眼睛」的真正原因。

地球板塊移動時，地殼往往會形成裂縫，地底下的岩漿沿着裂縫上升，侵入到岩石內，冷卻後會形成火成岩。有些火成岩在地底形成，它們被其他岩層覆蓋，在這個過程中，上方的岩層會小規模拱起，形成圓頂狀的「穹丘」。隨後，穹丘的岩層不斷被風化，因為硬度不一，較軟的岩層容易受到風雨侵蝕，導致岩層兩面受侵蝕的程度不一，一面坡度平緩，一面坡度較陡峭，形成「撒哈拉之眼」的同心圓地形。

地質學家發現，構成「撒哈拉之眼」的岩石可追溯至古生代的沉積層，距今大約 5.4 億至 2.5 億年前。相信「撒哈拉之眼」不但見證了地球的過去，它也會在沙漠之中，注視我們的未來。

冰島有冰川凝成的藍色隧道？

你有沒有想像過在冰形成的隧道之中穿梭？如果你在冬天前往冰島，就能夢想成真了！

每年 11 月至 3 月期間，冰島東南部的瓦特納冰川附近會出現一些特別的旅遊景點，那就是「藍冰洞」。這些冰洞在冰川之內構成，冰面凹凸不平，像把浪花凝結成冰一樣。當光線穿過冰塊，整個洞穴中都會透出淡藍的光芒，非常夢幻。這些美麗的冰洞到底是怎樣形成的呢？

藍冰洞形成的方式有兩種，分別是地熱活動和冰川融水。冰島處於火山活躍帶，同時天氣寒冷，巨大的冰川會覆蓋住火山。當地底釋放出熱力時，冰川中的冰塊就會融化，內部空間愈來愈大，形成冰洞。這種冰洞隨時都有可能受熱而倒塌，洞中也會積聚硫化氫等含有毒素的地熱氣體，因此這種冰洞比較危險。

由冰川融水而形成的冰洞則相對較安全。冰島夏季氣溫上升，冰川融化，融水會從冰川表面的高處流向低處，流入冰面的裂縫之中，將融水帶到冰川底部。漸漸地，融水在冰川內沖刷出隧道。當冬天再次來臨時，水停止融化，低溫把隧道凝結成冰，就形成了冰洞。

不過，這些冰洞為什麼是藍色的呢？這就與光的散射有關。太陽光由不同顏色的光線組成，這些光線的波長各有不同，能穿透的物質也不一樣，像海水會吸收紅光，但藍光卻會被散射，所以海水一般會呈現深淺不同的藍色。冰和海水一樣，會吸收紅光和散射藍光，而冰川的冰是由雪壓縮而成，內部的氣泡都被擠出，當光穿過冰川時，光線會深入冰層，而只有藍光能被散射出來，所以冰洞內會呈現出像寶石一樣通透的藍光。

由於每年形成藍冰洞的水流都不一樣，所以每一個藍冰洞都是獨一無二的。換句話說，它們都是天下無雙的美景！

坦桑尼亞的納特龍湖會把動物石化？

在希臘神話中，任何人與蛇髮女妖美杜莎對視，都會被她變成石頭，而現實中雖然沒有女妖，但在坦桑尼亞，居然存在會把動物石化的湖。

納特龍湖位於坦桑尼亞北部。乍看之下，這個湖不起風波，非常平靜，沒有任何危險；但絕大部分動物的身體接觸湖水後，可怕的事情便會發生——牠們會死亡，甚至被化成「石像」。由於湖中有不少動物的「石像」，當地人更把納特龍湖稱為「地球上的冥湖」，真是令人毛骨悚然！

這個冥湖為什麼擁有把動物石化的神奇魔力？這與湖中的物質大有關係。納特龍湖位處火山附近，湖水來自埃瓦恩吉羅河和附近的溫泉。因為地熱的關係，湖水的溫度可高達攝氏 60 度，而火山灰和溫泉中含有豐富的礦物質，令湖水的礦物含量很高，當中有一種化學物質叫做「碳酸鈉」，它就是把動物石化的主因！

碳酸鈉即俗稱的「梳打」，是一種鹼性的物質，我們日常使用的洗衣粉之中就含有碳酸鈉成分。湖中富含碳酸鈉，讓湖水的鹼度很高，具腐蝕性，而在湖水蒸發的過程中，會形成「泡鹼」這種天然化合物，它可令東西變得乾燥，古埃及人製作木乃伊時使用的乾燥劑，成分就跟泡鹼很相似。

納特龍湖平靜的湖面容易反光，可能會讓動物以為湖面是天空而靠近湖水。當牠們掉進湖裏，強鹼性的湖水會灼傷牠們的身體，讓牠們難以逃脫而命喪湖中。動物的屍體被水中的碳酸鈉包裹，因此能夠如木乃伊般保存下來。當湖水水位下降，人們便在納特龍湖中看見動物「石像」。

原來大自然中的奪命冥湖是碳酸鈉在作怪！可惜動物們不知道這些知識，不然牠們就有機會逃過被石化的命運了。

世界上最大的
礦物晶體有多大？

水晶色彩多變，是深受歡迎的礦物。你知道世界上最大的礦物晶體有多大嗎？答案藏在墨西哥的奈卡晶洞內。

2000 年，兩名礦工在墨西哥奈卡礦挖掘隧道時，在距離地面約 300 米處發現了一個晶洞。這個晶洞非常巨大，體積為 5,000 至 6,000 立方米，裏面長滿柱形的半透明晶體，這些晶體稱為「透石膏」，由石膏結晶而成，其中最大的晶體約有 12 米高，直徑 4 米，重 55 噸，是全球最大的礦物晶體。

為什麼奈卡晶洞能長出這麼多龐大的晶體？那是得益於地底的岩漿。奈卡晶洞下方 3 至 5 公里處有一個岩漿庫，岩漿把地下水加熱，並注入奈卡晶洞這個石灰岩洞穴。洞穴裏的水充滿了硫酸鈣，漸漸形成「硬石膏」這種礦物。經過很長的時間，熱水漸漸冷卻，當水的溫度降至攝氏 58 度，水中的硬石膏開始溶解成石膏，並在洞穴裏形成晶體。

晶體的大小，與洞穴溫度及結晶時間有關。要長出奈卡晶洞中如此龐大的晶體，必須維持環境的高溫，並需要非常漫長的時間。岩漿使奈卡晶洞長期保持着攝氏 58 度左右的溫度，這為晶體形成提供了有利的環境。而晶體形成的速度非常緩慢，專家相信要長出直徑 1 米的的晶體，需要花近 100 萬年時間，所以奈卡晶洞可以說是大自然的奇蹟呢！

除此以外，奈卡晶洞還為我們珍藏了別的寶物，那就是萬年前的生命。美國太空總署的研究人員進入洞內研究，發現晶體裏保存了大量有 1 至 6 萬年歷史的微生物。超過 100 種的微生物中，大部分都是細菌，當中有 90% 是全新的發現。研究人員相信，通過研究這些能在極端潮濕和炎熱的環境中生存的微生物，或許有助他們了解人類的進化史。看來奈卡晶洞的晶體不只是遠古歷史的結晶，也是人類探索生命密碼的鑰匙。

地球上哪個地方最適合拍攝光束？

美國有一個地方深受世界各地的攝影愛好者歡迎，更被譽為「全球最適合拍攝光束的地方」，那就是鼎鼎大名的羚羊峽谷。

羚羊峽谷位於美國亞利桑那州北部，呈紅褐色，岩壁長而狹窄，有着多變又曲折的彎道，因此當光線通過岩壁時，會出現唯美的光束景象。

這片峽谷分為上羚羊峽谷和下羚羊峽谷兩部分。上羚羊峽谷在當地土著使用的納瓦荷語中稱為「Tse Bighanilini」，意思是「有水通過的岩石」，這裏的岩壁有 20 米高，岩壁之間極為狹窄，不規則的曲線就像迂迴流淌的小河。而下羚羊峽谷稱為「Hasdeztwazi」，意思是「拱狀的螺旋岩石」，這裏的地形多變，遊客需要使用金屬樓梯下降 35 米，才能到達峽谷底部。因為這兒的岩石彎道更多，光線更變化萬千，所以下羚羊峽谷更受攝影師喜愛。

不過，人們在羚羊峽谷以肉眼所見的景象，與攝影師所拍攝的照片可能有點分別，因為光束的自然狀態沒有經過編輯的照片那麼明顯。而為了協助參與攝影之旅的遊客捕捉光束的美麗影像，導遊會將沙子扔到空中，因為沙粒會反射光線，所以光束能更清晰地呈現。

受天氣因素的影響，來到羚羊狹谷，不一定能看到光束，但峽谷本身也非常值得觀賞。羚羊峽谷屬於狹縫型峽谷，俗稱「一線天」，其特色是岩壁深邃，通道狹窄，所以抬頭望去，只能看見一道細細的窄縫。這種峽谷的形成，與洪水和風的侵蝕有關。當暴風雨季節來臨，洶湧的洪水注入山壁或地表的裂縫之間，強大的水流帶着砂石沖向岩壁，不斷打磨，令壁面變得光滑，形成像水一樣不規則的邊緣，再加上風化，便漸漸形成長而深的峽谷。

每年雨季，羚羊峽谷仍然受到豪雨和洪水的侵襲，當局因此不得不加建大量安全措施。如果你有機會前往羚羊峽谷，一定要避開雨季，注意安全啊！

印尼伊真火山會噴出藍色火焰？

說到火山，你一定會馬上想到火紅的熔岩，不過火的顏色千變萬化，在印尼就有一座會噴發藍色火焰的火山——伊真火山。

伊真火山是印尼一個非常熱門的旅遊景點，位於爪哇島東部。火山的海拔高度約 2,799 米，而火山口則有 20 公里寬，是一個巨型火山。這裏最特別的地方就是每到晚上，火山都會噴出藍色火焰，吸引很多遊客前來一睹奇觀。

熔岩的顏色與其溫度有密切的關係，超過攝氏 1,150

度的熔岩呈白色，攝氏 900 度呈橙色，攝氏 625 度呈深紅色，攝氏 475 度呈紅色，冷卻為固體的時候則呈黑色。那麼伊真火山的藍色火焰又是怎樣形成的呢？原來藍色不是來自熔岩的顏色，而是由硫磺氣體被點燃而產生的。

伊真火山有一個 200 米深的火山口湖，裏面充滿了硫化氫、二氧化硫等硫磺氣體。硫磺這種物質若被點燃，就會產生藍色火焰。當高溫的熔岩從火山口噴出，便會點燃湖中的氣體，所以伊真火山才會出現藍色火焰，在黑夜中清晰可見。這些藍色火焰可升至 5 米高，隨後變成液態流出火山口，畫面看起來真是既美麗又詭異呢！

當遊客接近伊真火山時，會嗅到濃烈的硫磺味，附近硫磺礦的碎粉還會在空氣中飄散，不斷「攻擊」遊客，使大家的眼睛和鼻子受到強烈的刺激，因此當地有些礦工會把防毒面罩租借給遊客，令他們能更舒服地觀看火山的美景。

除了伊真火山外，在美國夏威夷的基拉韋厄火山也能看到藍色火焰，只是那兒的藍色火焰是燃燒甲烷所形成的。不論是硫磺還是甲烷，它們都是氣味強烈的有毒氣體，所以近距離觀賞火山的藍色火焰其實十分危險。

要看奇異的藍色火焰真的十分辛苦呢。你又願意為了一睹奇觀，忍受硫磺的「攻擊」嗎？

千年不生鏽

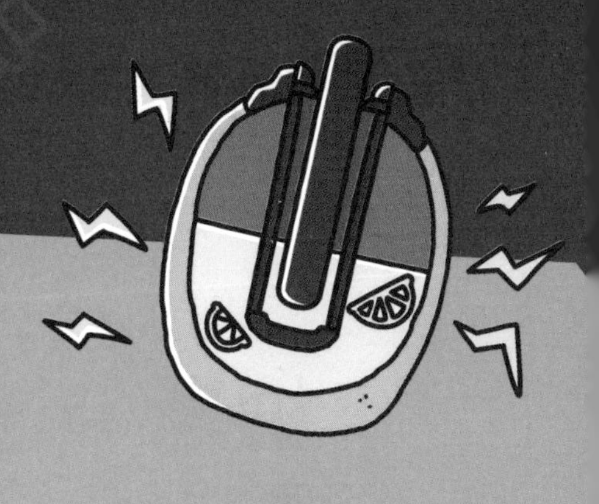

穿越時空的神奇物品

古人在秘魯
納斯卡沙漠上畫畫？

考古學家不斷在秘魯納斯卡沙漠中發現多個神秘巨型圖案，當中包括貓、猴子、植物等形狀，它們到底是什麼來歷？

這些線條畫稱為「納斯卡線」，它們散落在秘魯南部的納斯卡沙漠之中，至 2022 年已發現了 358 個。納斯卡線的圖案非常多樣，有禿鷹、蜥蜴、蜘蛛、藻類植物等動植物圖案，也有簡單的幾何圖形。所有圖案的線條長度加起來超過 1,300 米，較為密集的地區可出現 10 多種圖案。

納斯卡線的歷史可追溯到公元前 500 年至公元 500 年之間。由於當地屬於高原，風雨很少，加上線條上的土壤含有石灰，接觸到晨霧中的水分會硬化，形成保護層，能夠阻止風的侵蝕，因此這些線條才能好好保存下來。過去，誰都沒有意識到沙漠中的線條居然是巨型圖案，直至飛機普及後，人們才能看到納斯卡線的全貌。

這些線條深 10 至 15 厘米，大部分的闊度為 33 厘米，有些更超過 1 米。古人是怎樣繪製如此巨大的圖案呢？考古學家推測，古人會先用繩索、木樁等簡單工具，在地面上繪製出他們的設計，再除去地面表層的紅棕色鵝卵石，讓石底下黃灰色的土壤展露出來，形成線條圖案。不過，這個答案依然無法解釋古人怎樣確保在高處俯瞰時能看見完整的圖形。

另外，古人為什麼要在地上繪畫這麼巨型的圖案？有專家認為，這些圖案反映了古人的宗教活動，他們希望將圖案獻給神明；也有專家提出，筆直與螺旋形的線條可能是天文標記；還有考古學家認為，這些圖案為當時的居民標示出重要通道、場所的入口，但真正的原因，到現在還是一個謎。

這些巨大的圖案，無疑是古人為我們留下的寶藏，希望後世能繼續保存這些巨型圖案，解開圖案背後的謎團。

2,000 年前的
電池有什麼用呢？

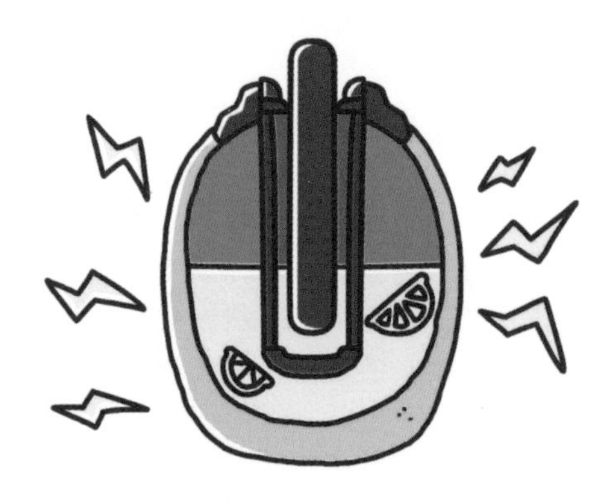

不少人出門時，身上一定會帶着行動電源。想不到在電力不普及的古代，古人居然也有電池！

1936 年，考古學家在伊拉克首都巴格達附近發現了神秘的「巴格達電池」。它約高 13 厘米，由一個闊口陶瓦瓶、一條由銅片捲成的銅柱，以及一根鐵棒組成。

考古學家卡維尼格（Wilhelm König）推測，這個電池是波斯安息帝國的工藝品，來自公元前 3 世紀左右；亦有考古學家認為，電池外部的陶器風格與公元 224 年至 651 年左右的波斯薩珊王朝的工藝品相似，很有可能是那個時代的產物。總而言之，不論巴格達電池來自哪一個時代，肯定比亞歷山德羅・伏特（Alessandro Volta）在 1800 年發明的電池超前。

為了研究巴格達電池，考古學家把它拆開，發現內部的結構非常簡單：只要把鐵棒放進銅柱內，再用瀝青製作的塞子在頂部把兩者分隔開，接着把銅柱緊緊塞進陶瓦瓶中，整個裝置就完成了。

但這樣簡單的容器是怎樣發電的？原來，電池中的銅柱由銅片捲成，無法阻隔液體，往瓶內注入醋、葡萄汁、檸檬汁等酸溶液，這些液體接觸到電池中的銅和鐵，就會引起化學反應，產生微量的電力。

卡維尼格推測，古人可能會把幾個電池串在一起以增強電力，而他們製作電池的目的，有可能是為了用電鍍的方式替飾品和神像鍍金。然而，這個推論遭到不少學者反駁，質疑古人根本不具備電的知識，又怎可能發明出電池？另一位學者保羅・凱澤（Paul T. Keyser）就推測，巴格達電池是當時醫生的工具，用於某種溫和的電療，如緩解疼痛。這種推測比卡維尼格的猜想更獲學術界接受。

你又認為哪一位學者對巴格達電池的猜測更合理呢？

古希臘人發明了電腦？

現代電腦具有強大的功能，是近代很重要的發明，而在電腦真正誕生之前，已經出現電腦的雛型——早在公元前 205 年至公元前 87 年間，古希臘人已發明了「電腦」，這部電腦是怎樣的呢？

1900 年 10 月，幾名潛水員在一艘沉船上發現了大批古代文物，當中有一個鑲嵌了精密機械齒輪的小木盒。這個儀器屬於機械式模擬電腦，即是通過機械變化來演算和類比實際問題的機器，是電腦的一種形式。考古學家把這儀器稱為「安提基特拉儀」，它高 34 厘米，長 18 厘米，寬 9 厘米，保存了 30 個齒輪，現存 82 塊機械殘骸。

這個儀器主要由前面的大轉盤、背面上下兩個大轉盤和側面的把手組成。前面的輪盤上刻有星座黃道帶的刻度，還有可以指向太陽、月亮和五大行星的指針；背面的轉盤是用來設定年份和月份。只要人們轉動側面的把手，就能令齒輪轉動，運算出日蝕和月蝕的時間，還有當時不同天體的位置。

安提基特拉儀的結構巧妙，機械原理非常先進，而且運算出來的天體運動周期在當時來說極為精準。如此先進的機械發明，直至 13 世紀末鐘錶被發明後才再次出現。這表示安提基特拉儀的技術，足足領先了上千年！學者都難以解釋這樣精妙的儀器為什麼會在古希臘出現，有人猜測這個儀器的發明家可能是古希臘著名學者阿基米德，因為古希臘著作《論共和國》記錄了一些天象儀和太陽系儀的儀器，而據書中記載，這些儀器的製造者正是阿基米德。

古希臘人到底是怎樣掌握超前過千年的機械技術的？假如古代的人類發明更多電腦儀器，世界的發展會變得不一樣嗎？這些謎題實在令人津津樂道。

羅馬十二面體
到底是什麼東西？

世界上愈來愈多奇怪的發明，光看那些形狀奇異的工具，往往令人摸不着頭腦。在歷史上，有一件文物同樣令所有考古學家百思不得其解，那就是羅馬十二面體。

顧名思義，羅馬十二面體是一種來自古羅馬時代的正十二面立體，即由 12 個正五邊形所組成。它們在公元前 3 世紀至公元前 2 世紀期間製造，大小為 4 至 11 厘米不等，多數以青銅或石材製成。羅馬十二面體是空心的，每一個表面上都挖空了一個不同大小的圓形，每個頂點上都有一顆凸起的球體。

這種形狀怪異的文物遍佈歐洲各地，在英國、法國、德國、荷蘭、匈牙利等地都有出土，總數量超過 100 個。然而，無論挖出多少個羅馬十二面體，考古學家依然無法知道這物體到底有什麼用途，學界因此提出了非常多的假說。

其中一種較有名的推測是，羅馬十二面體是一種燭台。由於當時的人普遍使用蠟燭照明，加上曾有出土的十二面體上沾了蠟的痕迹，所以學者主張人們可以把蠟燭插在十二面體挖空的圓形中使用。

另一種猜測是，這是一種天文測量的儀器，能幫助人們計算出冬季穀物的最佳播種日期。這種說法認為，古人可以用十二面體的孔洞，測量太陽光線的角度，從而判斷當天適不適合播種，避免冬季穀物過早或過晚播種。

還有一種說法是，十二面體是一種軍事工具，用來測量戰場上的距離。士兵可以拋出或射出十二面體，通過觀測它滾動的距離，從而判斷戰場的情況。

除了以上說法外，還有很多關於羅馬十二面體的猜想，比如它是一種宗教物品、一種玩具、一種裝飾……不過，所有理論都沒有任何文獻支持，令羅馬十二面體至今仍然非常神秘。

你覺得羅馬十二面體有什麼用途呢？不妨大膽地和朋友一起猜猜看吧！

古羅馬建築物懂得自行修復？

現代的房屋大多是以混凝土和鋼筋建成的，所以十分堅固，但原來古羅馬人使用的混凝土不只堅固，還有神奇功能！

早在公元前 150 年開始，古羅馬人已經使用混凝土興建橋樑、碼頭、下水道等設施。著名的羅馬萬神殿頂部，至今仍是世界上最大的無鋼筋羅馬混凝土圓拱。

科學家曾做實驗比較羅馬混凝土和現代混凝土，他們故意在兩種混凝土製作的實驗品上鑿出裂痕，然後在上面倒水，令水從裂縫中流出。出乎意料的是，兩星期後，研究員再檢查羅馬混凝土時，發現這個實驗品上的裂縫消失無蹤，連水也無法滲進裏面；反觀現代混凝土上的裂縫仍然存在，甚至因受水流衝擊而擴大！

難道羅馬混凝土具有生命力，懂得治療自己？當然不是！它能自行修復的秘密，在於古羅馬人合成混凝土的秘訣。最新的研究顯示，古羅馬人在製作混凝土時會加入「生石灰」，用高溫加熱時，這種物料就會產生石灰碎屑。以往這些石灰碎屑被認為是混凝土的製作方法不夠完善所致，後來才發現原來它們大有功用。當混凝土出現裂縫，水或濕氣會進入縫隙中，石灰碎屑在接觸水後會溶解，並產生鈣離子而重新結晶，這樣在裂縫擴大之前就能將之癒合。另一方面，羅馬混凝土亦加入了火山灰，鈣離子與火山灰會產生化學作用，從而增加混凝土的強度。

想不到千百年前的古羅馬人，居然製造出比現代更先進的建築材料。時至今日，科學家仍然在研究羅馬混凝土，期望參考這種物料的成分結構，改良現代混凝土，令現代建築更耐用。研究員更希望把這種能夠自行修復的混凝土用於立體打印技術，以提升日後建造房屋、公共設施等建築物的效率。

如果他們的研究能夠成功，說不定我們的建築物以後也會像古羅馬人興建的神殿一樣，屹立過千年仍不會倒塌呢！

印度有條鐵柱
歷經千年也不生鏽？

金屬柱在路上隨處可見，但在印度的奎瓦吐勒清真寺，卻有一條鐵柱被珍而重之地圍起來，向大眾展示。到底這條鐵柱有什麼過人之處呢？

這條鐵柱稱為德里鐵柱，地面部分高 7.2 米，直徑約 40 厘米，雖然它不算非常巨型，但由於整條鐵柱 99% 的成分是熟鐵，因此重量超過 6 噸。考古學家通過研究柱上銘刻的碑文以及其建築圖案風格，推算它大概在公元 375 年至 415 年間鑄造，也有部分學者認為它在公元前 912 年就已經誕生了。

換言之，德里鐵柱已經屹立了至少 1,600 年，在戶外飽受風吹雨打，但神奇之處在於，鐵柱竟然沒有生鏽！難道它被施了魔法嗎？

在說明原因之前，讓我們先了解鐵為什麼會生鏽吧。當鐵暴露於氧氣或水分的時候，就會產生一種名為氧化的化學反應。在這個過程中，鐵會轉化為氧化鐵，而氧化鐵看起來通常是微紅色的片狀，摸上去的時候感覺粗糙，這些就是鐵鏽。簡單來說，鐵生鏽就是鐵被氧化的結果。

那麼德里鐵柱為什麼能避免生鏽呢？首先，鐵柱以熟鐵製成，由於純度較高，因此有較好的防鏽能力。其次，鐵柱含有磷的成分，當這種成分與空氣接觸時，會形成保護膜，避免德里鐵柱直接與空氣接觸。加上印度天氣乾燥，德里鐵柱較少被水氣或雨水沾濕，這亦減少了生鏽的情況。

德里鐵柱彰顯了古人防鏽的智慧，而在現代，防止金屬氧化的方式更是五花八門。美國有不少大橋都以鍍鋅的方式來防止鋼氧化，汽水罐內也用環氧樹脂塗膜來抗腐蝕。你還知道其他避免金屬氧化的方法嗎？快上網找找看吧！

維京人比哥倫布早 400 年 發現美洲新大陸？

你聽說過哥倫布發現美洲新大陸的歷史嗎？但考古學家發現，他有可能不是第一個踏足新大陸的人，而證據居然是一枚小小的硬幣——緬因硬幣。

1957 年，一名業餘考古學家在美國緬因州沿海附近發現了一枚古硬幣，並以緬因這個出土地命名。一開始，人們以為它只是在 12 世紀鑄造的英國便士，沒有人對一個問題感到疑惑：當時的人尚不知道有美洲大陸的存在，這枚硬幣是如何從英國跨越大西洋而來到美洲大陸呢？直至 1978 年，有份小報刊出緬因硬幣的照片及一篇名為「難道英國人才是首個發現美洲的人？」的文章，這才引起專家去考證硬幣的來歷。

原來緬因硬幣來自北歐的挪威，約在 1065 年至 1080 年間鑄造。在 12 至 13 世紀，這種硬幣曾經廣泛流通，人們會在幣面中間穿洞，然後掛在身上作為吊墜，導致這種硬幣常常從中間開始碎開，難以完整保存。緬因硬幣在美洲出現是一個重大的發現，因為這意味着北歐的維京人可能早已來過美洲，比哥倫布於 1492 年發現新大陸早 400 年！

維京人生活在現今丹麥、挪威、瑞典這些北歐國家一帶。在過去，維京海盜的威名曾經令英國等西歐沿海地區聞風喪膽，他們的航海能力絕對是數一數二的。考古學家主張，維京人可能在 12 世紀便漂洋過海，來到北美大陸東岸的紐芬蘭，這裏曾是當地的大型貿易中心，維京人很可能在這裏與土著交易，因此留下了緬因硬幣。也有人主張，維京人可能在美洲某地留下了緬因硬幣，而硬幣幾經交易轉手，最後流落緬因。

不過，也有考古學家認為單憑一枚硬幣，難以證實維京人真的來過美洲，因為除了這枚硬幣外，緬因並沒有其他來自維京人的文物出土。不知道在將來，考古學家會不會發現更多維京人在美洲「到此一遊」的證據呢？

波斯人製作出
不用電的冰箱？

有了冰箱，我們才能在炎炎夏日享受雪糕、雪條等冰涼美食，古人可沒有我們這麼幸運啊……慢着！原來古代的波斯人已經發明了「冰箱」，而且還不用電！

古代的波斯即現今的伊朗，當地有大片沙漠，氣候炎熱乾燥，全年極少下雨。在這樣的天氣下，想儲存冰塊實在難如登天，但波斯帝國卻在公元前 4 世紀建造了「亞赫恰爾」（Yakhchāl）。「Yakh」在波斯語中是「冰」的意思，而「chāl」則代表「坑」，顧名思義，亞赫恰爾是儲存冰塊的地方。

亞赫恰爾不像現代冰箱一樣可以放在家中，它是一座高 18 米的巨型建築，外觀像一個圓錐形的龐大蜂巢，頂部有一個通天的圓口，可通往地下寬闊的冰塊儲存空間，最大的亞赫恰爾地下空間有 5,000 立方米大呢！建築的牆厚 2 米，由蛋白、黏土、沙子、石灰、灰燼與山羊毛調製的砂漿建成，能有效隔熱、防水。

波斯人會在冬季到山上收集冰，或將地下水道的水流引到亞赫恰爾外，形成水池，當晚上氣溫急降到冰點，便會自然形成冰塊，人們再將冰塊運到亞赫恰爾內儲存。他們更在亞赫恰爾東西兩面各建一面高牆，利用陰影使水流到亞赫恰爾前提早冷卻，讓凝冰的速度更快。

那麼亞赫恰爾是怎樣保持內部溫度寒冷，使冰塊在夏天也不會融化呢？原來秘密在於頂部的圓口。熱空氣會上升，冷空氣會下降。亞赫恰爾的圓錐形結構會將內部的熱空氣傳向上方，從圓口排出，同時冷空氣會經由圓口進入內部，一直傳到地底，冷熱空氣不斷循還，這樣就能使內部的溫度變得寒冷。整個保存冰塊的過程不需要電力協助，比現代的冰箱環保得多！

有了亞赫恰爾，波斯人便能在沙漠中儲存凍肉和其他食物，甚至製造法魯達（Faloodeh）這種冰鎮甜點。看來波斯人在夏天的生活不比我們差呢！

海底竟然也有金字塔？

埃及有不少巨大的金字塔，這種錐形建築是古代文明的標誌，但你知道除了在陸上，海底也有金字塔嗎？

2013 年，有人在葡萄牙亞速群島附近航行時，在特塞拉島和薩歐米格島之間的水底發現了一座巨大的金字塔。這座金字塔位於水面 40 米以下，足足有 60 米高，8 公里寬！神奇的是，金字塔的 4 條邊正好指向東、南、西、北，與埃及著名的吉薩金字塔結構相似。

亞速群島位於大西洋中心，是北美板塊、歐亞版塊和非洲版塊的交叉點。其中一個推測指，海底金字塔本來建在地面，但隨着板塊移動，水面上升，大片陸地被海水淹沒，金字塔也一併沉入海底。不過，金字塔所在的地方在2萬年前已被海水浸沒，而現時所知道最古老的美索不達米亞文明起源於約6,000年前，因此金字塔是遠古文明產物的猜測受到質疑。

也有人認為，這個海底金字塔可能就是傳說中「亞特蘭提斯」的所在地。亞特蘭提斯是古希臘哲學家柏拉圖在其著作中提及的一個島國，據說島上非常繁榮，具有高度文明，但卻在一夜之間被洪水毀滅。不少考古學家都希望找出亞特蘭提斯的遺址，但也有學者認為它只是柏拉圖所杜撰的一個神話故事。

事實上，除了亞速群島，人們在其他海域也曾發現海底金字塔和城市遺蹟，如古巴和阿根廷的馬賽羅伊加蘇達。到底世界各地的水底金字塔之間有沒有關聯呢？深入考察這些水底建築，也可能為人類文明起源和發展提供珍貴的研究資料，比如古巴水底的古城建築上就刻有不少文字，當中可能記載了古城沉沒前的歷史。

另一方面，還有一些神秘學家加入論戰，主張這些水底建築十分龐大，人類難以建造，所以它們可能是外星人在地球建立的基地！你又認為這些金字塔背後隱藏着怎樣的故事呢？希望考古學家努力研究，讓這些故事快點重見天日吧！

非洲有個 20 億年歷史的核反應堆？

核能是現代其中一種重要的能源，能用於發電。如果說，地球在 20 億年前已產生過核能，你相信嗎？

現今世界上的核能發電，主要是利用「鈾 235」這種輻射物質來進行，通過「核分裂」反應產生熱能來發電。核分裂技術在 1935 年發明，至今還不滿 100 年歷史，所以在人們的認知中，核能是一種比較新的能源。然而，1972 年，法國物理學家弗朗西斯·佩蘭（Francis Perrin）在非洲發現了奧克洛核反應堆，而核反應堆用於啟動核分裂。這個發現令舉世震驚，因為它在大約 20 億年前已經開始反應，當時人類還沒有出現呢！

奧克洛位於非洲加彭共和國，當地有鈾礦，法國曾進口一批鈾 235，卻發現其鈾濃度只有 0.717%，比一般天然鈾元素濃度 0.720% 低，顯示當中的鈾元素曾經歷過核分裂，是「已經用過」的鈾。這個現象引起科學家的好奇，後來經過研究，認為奧克洛的鈾之所以會發生核分裂，很有可能是大自然造成的。

現代的天然鈾礦石濃度不高，所以不容易產生核分裂，但在 20 億年前，鈾礦石的濃度高達 3%，這可能成為天然地促使核分裂發生的條件。另一方面，奧克洛核反應堆附近有地下水，充當了「慢化劑」，使核反應堆能持續穩定地運作，缺少了水的話，核分裂反應就不會發生。國際原子能機構重點研究奧克洛核反應堆後，發現當地曾有 16 座核反應堆，持斷不斷地在數十萬年間，每 3 小時釋放一次核能，所發出的能量平均達到 100 千瓦，足以為 800 部大熒幕電視機或 225 部電腦供電。

專家估計，世界上可能還有類似的天然核反應堆，它們可能尚未被人類發現，也有可能在地質作用下被侵蝕或摧毀。我們能夠發現奧克洛核反應堆的奧秘，真是十分幸運呢！

9 級地震也無法動搖的印加建築？

地震是建築物的天敵，每當大地震發生，總有不少樓宇倒塌，因此防震對位於地震帶的建築物十分重要。秘魯的薩克塞瓦曼遺蹟，就是古代防震建築中的佼佼者。

薩克塞瓦曼坐落於秘魯古城庫斯科，位處海拔 3,700 多米的高山之上，是南美洲印加文明遺留下來的堡壘建築。無數巨大的石塊被鑲嵌在一起，築成密不透風、堅固高聳的牆壁。相傳在 15 世紀，印加帝國國王圖帕克·印卡·尤潘基徵集了超過 2 萬名勞工，才建成這片龐大的建築。考古學家認為，當時印加帝國並沒有受到太大的軍事威脅，所以堡壘並沒有實際的軍事功能，可能只是國王為紀念軍事勝利而建造，或在祭典中作模擬戰爭之用。

秘魯經常發生地震，歷史上庫斯科亦飽受多次大規模地震的破壞，1950 年發生的 9 級地震，更摧毀了當地很多西班牙殖民時期的建築，但神奇的是，更古老的薩克塞瓦曼依然倖存。印加人並沒有現代先進的防震技術，這座石牆建築是如何抵抗地震的威力？

原來秘密在於印加人的建築技術。他們利用較硬的石頭和青銅工具，就能夠開採和塑造巨大的石塊，在薩克塞瓦曼之中，超過 100 噸重、4 米高的巨石隨處可見。石塊從採石場運到目的地後，再以敲打的方式塑形，石頭之間並沒有使用砂漿等黏合劑，只是單靠精準的切割和砌合，就能使石塊之間結合得天衣無縫，甚至連一張薄紙也難以插入。這樣緊密的裝嵌技術，加上牆身向內傾斜等因素，令石牆能夠抵受地震的侵害，即使多年來經歷無數戰爭和天災，依然屹立不倒。

不過，現存的薩克塞瓦曼只餘下五分之一，因為自西班牙人征服印加帝國後，這裏的巨型石塊就被挪用興建其他建築。看來相比大自然，人類對古蹟的破壞可能更大呢！

1...
2...
3...

令人大喊
不可思議的
大自然生物

水母為什麼
要襲擊發電廠？

水母是一種優雅的海洋生物，不過，牠們竟然在世界各地造成破壞，甚至大舉「攻擊」發電廠，到底發生了什麼事？

2020 年，以色列阿什凱隆一座發電廠遭遇水母襲擊，大批水母突然出現，湧入冷卻系統，令發電廠幾乎停止運作，當地數以萬計的市民面臨停電的不便。美國、瑞典、英國、日本等地的發電廠也曾遭遇水母襲擊。為什麼那麼多水母會聚集在一起？牠們又為什麼要攻擊發電廠？

要回答第一個問題，先要說明水母的生長特性。對於熱帶和溫帶水母來說，溫暖的海水是牠們最佳的繁殖環境，因此當海水的溫度升高，水母家族便會在短時間內急速擴大。近年來，全球氣溫上升，海水跟着變暖，促使水母大量繁殖。襲擊以色列發電廠的水母，就是被以色列海域的溫暖海水吸引，再加上潮汐的影響，牠們便成群結隊地湧向以色列。

與此同時，人類大量捕獵水母的天敵，如鯊魚、吞拿魚等。天敵減少，水母的數量就更加居高不下。此外，水污染令海洋「優養化」，即水中的氮、磷等植物營養含量增加，使海洋變得不適宜魚類生活，卻變成水母等浮游生物的天堂，令水母的數量不斷攀升。

至於發電廠受襲的真相，其實是發電廠強行擄走無辜的水母造成的！發電廠在供電的過程中，需要使用海水為機器降溫，所以很多發電廠都設於海邊。而水母依賴風和浪潮的動力移動，當牠們遇上發電廠抽取海水時所形成的強大水流，便會被捲進發電廠的水管之中，堵塞管道，使發電廠無法正常運作。

雖然水母進入發電廠會影響供電，妨礙人類生活，但其實牠們都是無辜的。假如人類懂得與大自然共存，減少污染，無論是我們還是水母的生活，一定都會更加幸福。

浣熊愛洗手？

網絡上流傳着一段影片，一隻黑黑胖胖的小浣熊來到水池邊清洗棉花糖，結果棉花糖一碰水便立即溶化，令牠露出震驚的表情。這個片段非常可愛，但你有想過浣熊為什麼會清洗食物嗎？

浣熊源自北美洲，最標誌性的特徵就是眼睛周圍像眼罩一樣的黑色花紋，還有深淺相間的尾巴。浣熊名字中的「浣」就是「清洗」的意思，而牠的拉丁文學名「Procyon lotor」中的「lotor」也是指清洗東西，可以說這種動物是以愛洗東西而聞名的。你可能以為浣熊一定很愛乾淨，但原來這並不是浣熊洗東西的主要目的，牠們真正想做的，其實是「洗手」！

浣熊是夜行性動物，視力並不好。為了彌補視力上的缺陷，牠們便進化出靈活的前爪。浣熊的前爪有 5 個指頭，比其他動物更容易抓住物體。前爪的皮膚上更長滿觸覺接收器，能幫助牠們感受物體的質地、大小、形狀等。指頭上更有一些毛髮，能讓牠們在爪子觸碰前已經能辨別物體。另一方面，浣熊的前爪上有一層角質層，能保護爪子，而在「洗手」時，水分會令爪上的角質層軟化，大幅增加浣熊雙爪的感知能力，幫助牠們分辨手中的東西到底是什麼、能不能吃等等。

特別的是，「洗手」這個動作可說是浣熊的本能。科學家曾在 1981 年觀察在城市生活的浣熊，發現牠們雖然不太需要自行覓食，但仍然保留着「洗手」的習性。有時候，即使浣熊手中沒有食物，但只要看到水，牠們便會用小爪子玩水。因此在北美洲，你可能會看見浣熊在灑水器旁邊洗手的可愛畫面呢！

現在你已經知道浣熊洗手背後的原因，下次再看到浣熊這樣做的影片時，不妨把這個小知識告訴朋友，讓大家更了解這種來自北美的奇妙生物吧！

海豚也會當兵？

提到海豚，相信你一定會想到牠們可愛的外表和聰明的特質。牠們不但能當水族館裏出色的表演者，還可以當優秀的「軍豚」！

人類訓練動物參與軍事活動由來已久，在歷史上，大象、馬、騾等動物都曾參與戰爭。在第二次世界大戰時，各國軍隊也訓練犬隻來執行偵測和攻擊任務。戰後，美國海軍暗中推行了「美國海軍海洋哺乳動物專案計劃」，主要研究和訓練海豚與加州海獅，讓牠們幫助海軍探測水雷、運輸軍用物資，甚至攻擊敵方的潛水員。

海豚的智力水平極高，牠們的大腦重約 1.6 公斤，比人類的腦袋還要重 100 克。海豚擅長理解和服從命令，性情又十分溫和，加上牠們具有回聲定位的能力，美國海軍看中了牠們的優秀能力，讓牠們成為海軍的一員。

訓練期間，訓練員會把類似水雷形狀的物體放在海中，命令海豚把這些物體找出來，從而培訓牠們的掃雷能力。當實際投入工作後，牠們在偵測到形似魚雷的物體後會通知訓練員，訓練員再派牠們以浮標來標記具體位置，提醒海軍船隻避開危險區域。2003 年的伊拉克戰爭中，就有受過訓練的海豚前往戰區進行掃雷工作，成功為美軍搜索出超過 100 枚水雷和其他軍事陷阱呢！

不過，美軍訓練海豚的方法非常嚴格，因此一直被質疑是在虐待海豚，甚至有報道指，曾經有海豚因為訓練實在太辛苦了，於是偷偷逃離訓練部隊。如果人類覺得工作辛苦大可以轉換工作，但海豚想「轉工」卻沒這麼容易啊！幸好，隨着掃雷機械人愈來愈先進，美軍已改用機械人代替海豚，訓練海豚的計劃也在 2017 年正式結束。

沒有翅膀還是鳥嗎？

所有鳥兒都有漂亮的翅膀，但如果失去了翅膀，鳥還算是鳥嗎？在紐西蘭，真的有一種看似沒有翅膀的小鳥呢！

這種鳥就是鷸鴕，是紐西蘭特有的品種，也是該國的國鳥。由於會發出「Kiwi」的叫聲，因此牠們的英文名稱和奇異果一樣是「Kiwi」，被稱為奇異鳥。奇異鳥屬於「無翼鳥科」，但其實牠們並不是真的沒有翅膀，只是翅膀退化，變得非常小，加上牠們的羽毛又厚又蓬鬆，所以我們難以看到牠們的翅膀。

為什麼牠們的翅膀會退化得這麼小呢？答案與紐西蘭的生態環境有密切的關係。紐西蘭是一個遠離其他大陸的海島，千萬年來，其他大陸的肉食猛獸都無法來到這裏。不少鳥兒看準了這個優點，紛紛來到這裏棲息，奇異鳥自然也不會錯過這個機會。另一方面，紐西蘭的蛇不多，地面對鳥兒來說相對安全，奇異鳥不用飛起來躲避蛇這種天敵，又能在地上享受紐西蘭豐富的食物，每天在地上吃啊吃，愈來愈懶得飛翔，於是飛行能力漸漸退化，成為了世界上唯一倖存的無翼鳥。

雖然奇異鳥不會飛，但牠們可是短跑高手，奔跑的速度可以達到每小時 19 公里呢！尖長的喙也是奇異鳥的標誌，牠們會把喙插到地下，捕捉土下的蟲子。在奔跑到失去平衡時，牠們還會用喙支撐地面，就像我們快要跌倒時用手撐着地面一樣。

奇異鳥還有一個奇異的地方，就是牠們繁殖育雛的過程非常漫長。一般小鳥的蛋從出生到孵化平均只要 10 至 14 天，但奇異鳥的蛋孵化時間平均長達 70 至 80 天。幼鳥出生後，父母更要花 4 年時間照顧牠們！

由於育幼過程太長，加上人類活動和外來掠食者的威脅，奇異鳥面臨絕種危機，被列為易危物種。假如我們不好好保護牠們，世界上就會少了一種奇異的生物了！

捕蠅草懂得算術？

不少動物都十分聰明，例如大象和海豚都能計算簡單的數學題，但原來不只動物，就連植物也會「算數」，那就是捕蠅草！

捕蠅草源自北美洲，是一種草本植物，其特別之處在於它會用葉片捕食蒼蠅等昆蟲，日本人更把它稱為「蒼蠅的地獄」呢！不過，植物又沒有「大腦」，怎麼會懂得算數？這樣的想法可能要推翻了！近年來，愈來愈多科學家主張植物也有思維，只是它們不像人一樣用大腦來思考而已。而捕蠅草的葉片運作，就反映出它不但會思考，而且還想得很周到呢。

捕蠅草的葉片會散發出香甜的氣味，吸引昆蟲過來。當昆蟲降落在葉子上，接觸到葉上的刺毛，捕蠅草就會進入捕食的狀態。不過，只被接觸一次，它是不會輕易合上葉子的——如果昆蟲只是飛下來又馬上飛走，把葉子合起來不就浪費氣力了嗎？所以，捕蠅草會耐心等待，在 20 秒內第二根刺毛也被碰到後，牠才會迅速合上葉子。這種運作機制，足以證明捕蠅草至少能計算自己被接觸的次數，還有時間流逝的長短。

不僅如此，刺毛被接觸的次數，還會影響捕蠅草分泌多少消化液。這是因為蟲子的大小不一，所需消化液的量也不一樣。因此，捕蠅草會記錄刺毛被接觸到的次數，而刺毛被碰的次數愈多，就代表它捕捉到的昆蟲愈大，自然也會分泌出更多的消化液。你說捕蠅草是不是很聰明呢？

除了算數之外，科學研究還證明植物之間能夠互相溝通。比如一棵植物受到蟲子感染後，牠就會發放出特別的化學物質，告訴旁邊的植物有蟲子入侵，要注意危機，可見植物也懂得與「鄰居」守望相助。雖然現在我們還不清楚植物溝通的機制，但在將來，也許我們也可以和植物溝通呢！

有一種天蛾的
嘴巴長 30 厘米？

平日親爸爸媽媽的時候，我們常常會嘟長嘴巴，但不論你把嘴巴嘟得多長，都一定不及馬島長喙天蛾的長！

馬島長喙天蛾主要棲息在非洲東部，是一種體型較大的天蛾，雙翼張開時可以達到 15 厘米闊。和一般飛蛾一樣，牠們的身體主要是深啡色，翅膀上有一些黑白色的條紋，而與別不同的是，牠們的口器長度是身體的三倍以上，足足有近 30 厘米長！這種天蛾的發現，背後原來有一個有趣的故事。

1862 年，英國著名生物學家達爾文收到一個包裹，裏面裝滿了世界各地特別的蘭花標本。他首次看到來自馬達加斯加的大彗星風蘭，十分震驚——這種形狀像星星一樣的蘭花，擁有非常長的花距。

「花距」即是在花朵下方的花萼所形成的長管或囊袋狀的結構，花蜜就是儲存在這個部分。大彗星風蘭的花距平均長達 33 厘米，而且花蜜大多集中在花距底部，意味着昆蟲要吸食花蜜並為它們傳播花粉，必須擁有超長的口器。達爾文因此在他的著作中推測，馬達加斯加存在這樣的昆蟲。

達爾文猜對了，這種昆蟲就是馬島長喙天蛾！不過，在他寫下推測之後，人們一直沒有發現這種天蛾。直到 1903 年，昆蟲學家在馬達加斯加探索到深夜，正想離去時，突然聽到飛蛾拍翼的聲音。他們馬上打起精神，結果目擊到馬島長喙天蛾飛到大彗星風蘭上，伸出長長的口器吸食花蜜。原來這種天蛾數量很少，而且多在深夜活動，所以很難遇上牠們。昆蟲學家能夠發現牠們，真的很幸運呢！

大自然真是神奇，有花距長的花，就會有口器長的天蛾。不知道世界上還有哪些「天造地設」的生物，等着我們發現呢？

海綿寶寶
是真實存在的？

卡通片中，海綿寶寶在海裏和朋友一起到處玩耍。在現實世界中，大海裏原來真的有海綿！

海綿其實是一種無脊椎生物，牠們生活在海洋之中，屬於多孔動物門，或稱為海綿動物門。這種動物看起來有點像植物，因此在過去一直被誤認為是植物，但其實牠們是如假包換的動物呢。

根據研究，世界上的海綿有超過 1 萬種，而且在深海中可能還有更多品種等待我們發掘。最早的海綿可能在 8.9 億年前已經誕生，可以說是一種活化石呢！和石頭一樣，海綿並不會移動，那牠們是怎樣捕食的呢？

其實，海綿的身體結構看似簡單，但其實裏面大有玄機。牠們的身體分成內外兩部分，中心是一個長管狀的主要部分，外圍則由大量的水孔和溝道組成。牠們會利用身上的水孔吸收和過濾流進體內的水，從而吸取氧氣和海水中的細菌、有機顆粒、浮游生物等，然後把雜質和廢物排出體外。換句話說，海綿體內的水孔就像一個複雜的迷宮，不同的管道負責不同的功能，形成了一個特殊的水管系統。

不同的海綿品種，體內的結構有些微差異，根據棲息地的環境差異，牠們還會呈現出不同的形狀和顏色，例如像卡通中海綿寶寶一樣的鮮黃色、豔麗的紫色、可愛的粉紅色等等。

由於海綿體內有極多小孔和空間，因此，不少海洋生物都會把海綿當成理想的家園，比如儷蝦就常常寄居在海綿中「成家立室」。日本人更會把海綿作為禮物送給新婚夫婦，祝福愛侶能像儷蝦一輩子居住在海綿裏一樣，在愛巢之中相伴到老。

近年來，海綿深受科學家歡迎，原來牠們具有殺菌的功效，醫學界正嘗試從牠們身上提取組織，研究出治療癌症的新藥物。這項研究更令海綿的身價暴漲，變成醫療界炙手可熱的新寵兒呢！

沒想到真實世界中的「海綿寶寶」居然這麼有用，真是令人大開眼界！

鯡魚用放屁來溝通？

當有人放屁，你一定會捏着鼻子走到另一邊，避開難聞的臭味，但世界上有一種動物居然不怕放屁，更會以放屁來與同伴溝通！

這種喜歡放屁的奇怪動物就是鯡魚了。鯡魚有不同的品種，主要在北太平洋、北大西洋和南美洲西岸出沒。不少歐洲人都會食用這種魚，當中大西洋鯡魚大概長 30 厘米，重 1 公斤，在食用魚中算是中等身材。

很早的時候，漁夫在捕捉鯡魚時已發現牠們會發出奇怪的聲音，而人們會深入探索這個現象，背後原來有一段令人哭笑不得的故事。在 1980 年代，蘇聯的潛艇曾闖入瑞典的水域，這讓瑞典非常戒備，開始在水中偵測音訊，並常常錄到奇異的噪音，那種聲音既像密集又大聲的氣泡聲，又像螺旋槳運作的聲音，瑞典懷疑這是蘇聯的潛艇活動造成的。

但到了 1996 年，蘇聯已經解體，這些噪音仍時常出現，於是瑞典軍方委託南丹麥大學的教授分析這些聲音，結果發現自己擺了一個大烏龍。那些氣泡聲根本不是船的聲音，而是鯡魚放屁的聲音！

鯡魚放屁並不是因為牠們消化不良，而是以一種特殊的方法與同伴溝通。鯡魚體內有一個囊狀器官叫「魚鰾」，牠們會在水面吞下空氣，儲存在魚鰾之中，而魚鰾連接着肛門，當受到威脅時，牠們就會用力將魚鰾中的氣體從肛門噴出。這些放屁聲能幫助鯡魚在晚上找到同伴、在遇到獵食者時互相提醒，是魚群重要的通訊密碼。

鯡魚放屁時會發出「噗噗噗噗噗」的聲音，頻率約在 170 至 2,200 赫茲之間。鯡魚的體積不大，那麼牠們放屁時為什麼會出現像潛艇一樣的巨大聲音？這是因為鯡魚喜歡群居，一個魚群甚至可以達到 4,000 立方米，包括 40 億條魚，簡直是水裏的超級兵團！想像一下鯡魚同時放屁的情景，真的很壯觀呢！

沒想到「放屁」也能作為溝通的「暗號」，但對於人類來說，這種語言實在太有「味道」了！

星鼻鼴擁有哺乳類動物中最強的鼻子？

恐怖電影裏常有臉上沒有眼睛，只有滿嘴尖牙的怪物。北美洲有一種動物看起來也沒有眼睛，樣子十分奇怪，牠們就是星鼻鼴！

星鼻鼴生活在北美洲東北部，是一種小型哺乳類動物，平均體重只有約 50 克。牠們之所以有「星鼻」的稱呼，是因為鼻子旁邊足足長了 22 根觸手，看起來就像由觸手拼成的星星一樣，看起來有點可怕！為什麼牠們的鼻子旁會長出「手」來呢？這些觸手又有什麼作用？

星鼻鼴的觸手由感覺器官構成。雖然牠們的鼻子面積不到 1 平分厘米，但上面卻有超過 25,000 個感覺器官！這些器官稱為「艾瑪氏器」，由 3 層不同的細胞組成：底部的細胞會把簡單的震動、觸碰訊息傳給大腦，中間的細胞會在皮膚持續受壓時發出訊號，頂部的細胞是鼴鼠獨有的，能細微地分辨不同的質地，告訴星鼻鼴牠們正在接觸什麼東西。

靈敏的鼻子可說是星鼻鼴生活中不可或缺的幫手呢！牠們大多生活在低地，平日潛入河牀或池塘底部覓食，或者在地底挖掘隧道，捕捉蚯蚓和其他昆蟲作為食糧。有了強大的鼻子幫助，星鼻鼴才能在完全黑暗的生活環境之中捕捉獵物。

在獵食時，星鼻鼴會用鼻子的觸手判斷嘴邊的東西能不能吃，這個過程只需要 8 毫秒，反應極快。獵物一靠近觸手，牠們就會立即張大嘴巴，把獵物吞進肚裏。因此，牠們是世界上進食速度最快的動物。

除了快以外，星鼻鼴更是世界上唯二能在水中嗅到氣味的哺乳類動物之一（另一種是水鼩）。牠們會在水中吹出泡泡，然後用鼻子把氣泡吸回，從而嗅出水中有沒有獵物的味道。這種技能令牠們在水中捕食小型魚類、小龍蝦等生物時更加容易。

雖然擁有世界上最強的鼻子，不過星鼻鼴的眼睛幾乎是看不見的。你又願不願意用視力交換強大的鼻子呢？

為什麼雌性藍晏蜓要裝死？

遇見不喜歡的人，你可能會裝作沒有看到他，而自然界有一種昆蟲不只會對不喜歡的追求者視而不見，更會裝死呢！這種昆蟲就是藍晏蜓。

藍晏蜓是一種蜻蜓，常見於歐洲，在意大利、英國、北歐等地都常常能找到牠們的蹤影。鮮豔的花紋是牠們的標誌，蘋果綠色的斑紋佈滿牠們的頭和腹部，至於尾巴的斑紋則是淡藍色的。藍晏蜓全身大概長 7 厘米，在蜻蜓之中可算擁有修長的身軀呢！

瑞士一名昆蟲學家在研究藍晏蜓時，觀察到一隻雄性正在追逐雌性，想和牠交配繁衍。這時候，雌蜻蜓突然從空中掉到地上，一動不動，好像突然死了一樣！眼見這個畫面，昆蟲學家和雄蜻蜓都很震驚，雄蜻蜓更嚇得馬上飛走了。沒想到討厭的追求者離開後，雌蜻蜓居然馬上「復活」！問題來了，為什麼雌性藍晏蜓會用裝死的方式來躲避追求者呢？

原來，一般的雌蜻蜓都會在交配後馬上在附近產卵，而雄蜻蜓會在牠們產卵時在旁邊巡邏，阻止其他雄性過來和雌性交配。不過，雄性藍晏蜓並沒有保護雌性的習慣，當交配完成後，牠們便會馬上飛走，留下藍晏蜓媽媽和寶寶不管。已經交配過的雌性為了躲避其他雄性的騷擾，才會選擇裝死。據統計，在 35 隻要產卵的雌性藍晏蜓當中，就有 31 隻曾經裝死來擺脫雄性的追求，換句話說，接近九成的雌性藍晏蜓都曾使出這招來脫身呢！

不過，從高空突然墜落對藍晏蜓來說是很危險的，很容易受傷。為了減輕風險，藍晏蜓是會挑地點裝死的。牠們在茂盛的灌木叢或者草叢附近才會突然墜落，有了厚厚的葉子作為「安全氣墊」，自然減低受傷的機會。

藍晏蜓躲避追求者的方式，證明逃避並不可恥，而且很有用呢！

有一種魚會
跳到陸地上乘涼？

夏日炎炎，游泳是最受歡迎的運動之一，清涼的水能帶走暑氣。而在大自然中，卻有一種魚反其道而行，會到岸上乘涼去。這種有趣的魚就是斑紋隱小鱂。

斑紋隱小鱂又稱為北美紅樹林鱂魚，屬於熱帶淡水魚，在美國東南部的佛羅里達州至巴西等地可以見到牠們的蹤影。牠們生活在河口、沼澤濕地、紅樹林的水坑和小池塘等，水域的溫度可以高達攝氏 38 度。對牠們來說，這樣的高溫並不舒適，於是牠們會彎曲身體，迅速從水中跳到陸地上來降溫。

魚不是離開水就不能活嗎？原來世界上有魚類能夠同時在陸上和水中生存，稱為兩棲魚類，現時有 11 種魚被視為兩棲魚，斑紋隱小鱂就是其中一種。牠們在水中生活時，依靠鰓來呼吸；來到陸地時，鰓蓋就會停止運作，改由皮膚和魚鰭上的毛細血管網來呼吸，並蠕動身體來移動，在陸地上生存的時間可達兩個月。

不過，牠們的棲息地位於熱帶與亞熱帶，陸地和水中的溫度沒有太大差距，為什麼牠們要彈到同樣潮濕、溫暖的陸上？科學家為了解答這個問題，進行了一個實驗。他們把斑紋隱小鱂放到加熱的水中，當水的溫度達到攝氏 36 度，牠們就會從水中跳出來，落在潮濕的濾紙上。牠們的身體接觸濾紙不足 30 秒，體溫就已經和濾紙相同，在 1 分鐘內，體溫更會比濾紙還要低。這個實驗證明了斑紋隱小鱂能夠通過身體表面的水分蒸發，帶走身體的熱力，從而達到降溫的效果。

科學家還發現，如果水中的氧氣濃度太低，或酸度過高，斑紋隱小鱂也會跳到地面去。在覓食的過程中，牠們也會為了追捕獵物或逃避敵人而彈出水面。

還有一個有趣的冷知識，你猜猜是年輕的斑紋隱小鱂還是年老的跳得遠？答案是年紀愈大，跳得愈遠，真是老當益壯呢！

人類的
創意無限

世上有一本無人能讀懂的神秘書籍？

書本記錄了人類的智慧和創意，但世界上竟然有一本書因為太有創意，導致沒有人能夠解讀？這本書就是「伏尼契手稿」。

伏尼契手稿被譽為世界上最神秘的書籍，大概在 15 世紀的中世紀時期成書，現存共有 240 頁，文字由左至右書寫，以 25 至 30 個環圈形字符寫成，整份手稿包含 17 萬個字元，而且有大量插圖，如天文符號、星球、植物、奇怪的裸露人體等。

由於書中文字太過神秘，科學家只能「看圖識字」，通過插圖把書中內容分為幾個部分：食譜、生物學、製藥學、天文學、宇宙學和草本植物學。但具體內容說了什麼，幾百年來都沒有人能夠破解。至於書名「伏尼契手稿」也與內容無關，只是來自在 1912 年買下這本書的波蘭書商威爾弗雷德．伏尼契（Wilfrid Voynich）而已。

近年來，有不少學者嘗試運用不同方式，破譯這本神秘的伏尼契手稿。有人說，手稿由「原始羅馬語」寫成，是修女為英國王后撰寫的書。不過，中世紀專家質疑世界上根本沒有「原始羅馬語」，那個學者只是用插圖猜想內容，然後從古羅馬語中找類似的字詞套進書裏而已。

也有學者認為手稿裏的是「密碼」，並運用人工智能來「解密」，將伏尼契手稿的文字和現代語言交叉配對分析，結果發現那些詞彙有 97% 能與現代文字配對，當中有 80% 近似希伯來文。研究員請人更正拼字錯誤後翻譯文字，甚至使用了 Google 翻譯，結果「成功」把伏尼契手稿的文字翻譯成有意義的句子。

不過，這些翻譯出來的文字真的準確嗎？學者對這項研究還有所保留。不知道這份幾百年前寫成的神秘手稿，還要經歷多少時間才能破解，讓我們仔細理解當中的有趣內容呢？

摩斯密碼的發明者竟然是畫家？

你聽說過「摩斯密碼」嗎？它在人類通訊歷史上有很重要的位置呢！

密碼是一門深奧的學問，「密碼學」就是指通過特殊的隱藏技術，把資訊加密成「密文」，或反過來把已加密的訊息破譯為「明文」。密碼學的英文「cryptography」，就源自希臘語的「kryptós」和「gráphein」，亦即是「隱藏」和「書寫」。

摩斯密碼就是密碼的一種，由美國人森姆·摩斯（Samuel Morse）於 1837 年發明，他也是電報的發明者。他將字母、數字、符號等編碼為一系列的點（·）與劃

（－），例如「A」對應「·－」，「B」對應「－…」，而國際慣用的求救信號「SOS」，按照摩斯密碼的格式是「… －－－ …」。摩斯密碼可以透過聲音、光或無線電波傳送。

在 19 世紀時，電話尚未面世，住在不同地方的人主要依靠郵件通訊，而摩斯發明了電報，讓通訊變得較方便快捷。電報不像手機能發送文字和聲音訊息，因此必須把文字「翻譯」為其他格式來傳送。而摩斯密碼的發明，令人們發送電報時更加便利。到了 1890 年代，摩斯密碼也開始用於無線電通訊。直至 1999 年，國際間一直使用摩斯密碼來發送海上遇險求救信號。

有趣的是，摩斯密碼雖然是通訊史上劃時代的發明，但摩斯本人並不是研究通訊科技的專家，也不是常年在海上生活的船員，而是一個畫家！他曾到英國學習繪畫，乘船回美國時巧遇正在做電磁實驗的科學家，因而受到啟發，投入電報發明和摩斯密碼的研究。可以說，如果摩斯沒有畫家這個身分，摩斯密碼很可能就不會面世，整個通訊歷史也會改寫呢！

時至今日，電腦加密成為密碼學最流行的發展趨勢，甚至發展出加密貨幣市場。也許密碼學繼續發展下去，世界將會出現像摩斯密碼一樣劃時代的發明。就讓我們拭目以待吧！

乘搭升降機像坐摩天輪？

香港大部分升降機都長得方方正正，有一對厚重的金屬門，看起來千篇一律；但在德國，居然有一種像摩天輪一樣的有趣升降機！

這種奇妙的升降機稱為「帕特諾斯特」（Paternoster），它由數個沒有門的載人空間和一組運輸帶組成，每個載人空間可供兩位乘客進入。運輸帶會不斷轉動，讓載人空間跟着上升或下降，把乘客帶到每個樓層的出入口，就好像摩天輪不斷自動循環。這種升降機沒有大門，所以乘客必須看準時機出入，否則就會錯過！

由於運輸帶以循環形式運作，就像天主教徒誦唸經文時不斷撥弄念珠一樣，所以人們以《天主經》拉丁文版的首兩個詞語「Pater noster」（Our Father，我們的天父）來命名這種升降機。

在 20 世紀上半葉，帕特諾斯特升降機在歐洲廣受歡迎，但由於它沒有門，也不會暫停轉動方便乘客進出，所以曾發生過幾次嚴重意外，導致不少國家禁止再安裝這種升降機。德國更在 2015 年嘗試通過禁令，全面禁止使用這種升降機，卻遭到當地民眾強烈反對。

你可能會問，現代的升降機既安全又先進，為什麼不把所有帕特諾斯特升降機全部拆掉，換成新式升降機呢？原來德國人非常迷戀它們古老的外觀，而且走進這種升降機後，你必須全神貫注，抓準出入的時機，不能低頭看電話，就好像被吸進別的時空一樣。這種特別的魅力更吸引了不少遊客專程來到德國，乘搭帕特諾斯特升降機呢！目前全世界約有 350 部帕特諾斯特升降機仍在運作，當中約有 230 部位於德國，68 部在捷克，亞洲地區中也可在馬來西亞找到。

2006 年，日本的電機公司開始研發由電腦控制、較為安全的帕特諾斯特升降機。希望在不久的將來，經過改良的帕特諾斯特升降機會出現在世界各地，把這款有趣的傳統機器傳承下去吧！

懸空的魔幻建築
是怎樣建成的？

近年，歐美、澳洲等地的建築師都刻意設計出各種看似懸空、扭曲的房子。接下來介紹的這些房子，有可能顛覆你對建築的想像！

在西班牙莫西亞有一間被稱為「交叉屋」（Crossed House）的房子，它的特別之處在於屋子是兩個交疊的長方體，每層長 20 米，闊 5 米，以 35 度的銳角交疊。由於角度很小，所以上下兩層重疊的範圍也很小。從屋外看，上層好像隨時都會被風吹倒一樣，令人難以理解屋子是怎樣支撐起來的。

這座房子的設計靈感來自兩塊隨意疊起來的積木，所以屋子的上下兩層才會呈現這樣有趣的形狀。為了體現兩層樓面向不同方向的靈活設計，設計師更運用了幾何運算科技，幫助他們找出最理想，同時亦最穩固的上下層交疊方式。這樣結合科技和建築，令舊時不可能實現的設計，成功豎立在山上。

另一間不可思議的房子位於英國的薩福克，一位民宿老闆為了吸引旅客入住，建造出「平衡穀倉」（Balancing Barn）。這棟民宿建在山坡上，呈長方體，有一個傳統的尖屋頂，從山坡上看來與普通小屋無異，但假如你來到山坡下，就會發現房子居然有一半是懸在半空之中！

到底建築師是怎樣把小屋懸空，而不需要在屋底下添加任何支柱呢？原來，他們聰明地採用更沉重的材料來建造小屋在山坡上的部分，然後以較輕的物料興建「懸浮」的部分。這樣一邊重一邊輕，屋子便能穩固地立在山坡上，懸在半空的部分也不會倒下。「平衡穀倉」可容納 8 名旅客居住，老闆更在懸空的屋底下安裝了鞦韆，令整座建築更富趣味。

以上新穎的建築，只是世界上特別建築的一小部分。也許將來有一天，人類還可以建造出真正懸空，不需要基底支撐的新房屋呢！

衣服能自動改變顏色？

時裝設計師會在衣服的顏色、花紋、款式等部分力求創新，但近年來，不少設計師乾脆發明前所未見的新奇布料，為服裝設計帶來嶄新的創意。

第一種創新布料能夠通過感應溫度來改變顏色。人們將感溫變色材料包裹在微型膠囊中，再加入到染料裏，製成衣服。感溫變色材料在特定溫度會產生化學反應，改變衣服的色彩。當溫度升高，衣服顏色會出現變化；當溫度降低時，顏色就會恢復原狀。

第二種創新布料同樣可以變色，不同的是它們根據光線而變色。其中一種做法是在纖維中加入對太陽光中的紫外線敏感的顏料，當布匹製成後，自然會隨環境中的紫外線變化而改變顏色。

英國一個服裝品牌更創造了另一種利用光線改變布料顏色的方法。設計師留意到魷魚的皮膚能配合光線改變身上的顏色，於是將概念運用到外套設計上，將 20 億個微型玻璃球嵌入外套表面，每平方厘米就有超過 4 萬個玻璃球。當光線照射到外套上，玻璃球便會反射光線，令原本的黑色外套呈現出絢爛多變的幻彩。

除了變色技術外，科學家也積極研發「智能纖維」。美國麻省理工大學的研究團隊就在纖維中加入液晶彈性體的材料，使布料能夠因應溫度變化而改變其結構，當天氣變得寒冷，衣服阻隔熱力散失的能力會提升；當氣溫上升時，則會加快散熱。這樣即使日夜溫差大，人們也不用多穿衣服出門呢！

此外，美國麻省理工大學亦研發應用在醫學、保護傷健人士等用途的布料。研究員把具有感應功能的纖維加入一般纖維之中，再製成襯衫、襪子等衣物。布料中的感應纖維能夠監測穿著者的活動，假如他們跌倒、心跳出現異常等，布料便能馬上連結通訊裝置，為他們尋求協助。

如果由你來創作新的布料，你又會在布料中加入什麼功能呢？

不用殺牛也能吃到牛肉？

有些人覺得為了吃肉而殺害動物很殘忍，因此提倡素食，但隨着科技的進步，我們不殺動物也能夠吃到肉類呢。

2013 年，科學家成功生產出世界上第一塊人造牛肉漢堡扒，這塊牛肉真的來自牛，但牛卻不用被屠宰，到底人類是怎樣「憑空」產生出這樣的肉類呢？

這種肉類稱為培植肉，也有試管肉、乾淨肉等名稱，屬於人造肉的一種。從「培植」、「試管」這些字眼可以得知這種肉類的製作方式：生物學家通過細胞培養技術，從牛、豬、雞等動物身上提取幹細胞，然後放入試管或培養皿中培植，這些細胞會不斷分裂，逐漸「成長」，最後產生出肌肉組織，亦即是一塊完整的肉片。視乎肉的種類，整個培植過程只需２至８星期，不會傷害到動物，不用沾上血，自然比傳統肉類「乾淨」。

你或者會好奇培植肉到底好不好吃，令人驚訝的是，培植肉吃起來跟一般肉類差不多，在一些試食會上，人們甚至以為口中的培植肉才是真正的肉。在培植的過程中，科學家需要模擬動物體內的環境，為細胞提供養分，使培植肉在味道上與真肉接近。

不過，培植肉一點都不便宜呢！2013 年首次推出的人造牛肉漢堡扒，製作費用就高達 260 萬港元。隨着技術不斷發展，2022 年的人造牛肉漢堡扒的價格已下降至約 100 港元，但仍然比真牛肉貴。此外，現時只有美國和新加坡容許部分企業在當地銷售培植雞肉，我們還未能夠隨處買到及食用培植肉。

環保人士相信，培植肉等人造肉可以大量生產後，不但能大幅減少畜牧業所排放的溫室氣體，創造可持續發展的生態，更可以保護動物，令牠們能從牧場返回大自然。就讓我們一起來見證肉類市場的新時代來臨吧！

「超級黑」顏料能讓立體的東西變平面？

英國一間科研公司研發了一種非常特別的「超級黑」顏料，稱為「梵塔黑」（Vantablack），它比普通黑色顏料還要黑，就像黑洞一樣，會把一切吞噬！

你可能會問，黑色已經是最暗的顏色了，「梵塔黑」還能有多黑？研發這種顏料的英國科研公司發表了一組圖片，為大眾顯示「梵塔黑」的威力。他們準備了兩個一模一樣的金屬人臉雕塑，然後給其中一個塗上「梵塔黑」，結果驚人的事情發生了——塗黑的雕塑就像完全被黑色吞沒一樣，完全看不出人臉的凹凸，也不再像一般的金屬一樣反光，看上去就是一個黑色的平面圖。

為什麼這種顏料能隱藏凹凸，消除物體的光澤呢？原來這與顏料的製造物料有關。我們日常使用的黑色顏料雖然是黑色的，但它仍然會反射光線，比如黑色的油畫在射燈照射下會反光。不過，「梵塔黑」含有納米碳管黑體，可以吸收 99.96% 的光線。沒有光，我們當然無法看清東西。塗上「梵塔黑」的東西不再反光，我們便無法通過光影判斷立體事物的輪廓，一切便全都變成平面，就像一個黑洞。

「梵塔黑」的出現引來了藝術家的追捧，不少畫家都希望在自己的作品中創造「黑洞」。不過，英國藝術家卡普爾（Anish Kapoor）擁有「梵塔黑」的藝術使用專利權，導致其他藝術家不能隨心所欲地選用這種創新的顏料，結果當然引來同業的不滿。

另一位英國藝術家森普爾（Stuart Semple）自行研究出「極黃」、「極綠」、「極粉紅」等新顏料，更指明除了卡普爾外，所有人都能自由使用這些顏料。這個行為不但表達了他的不滿，還諷刺了卡普爾的自私壟斷行為。

看來藝術界的「顏色戰爭」一觸即發，我們不妨靜靜觀戰，看看藝術家還會研發出怎樣的新奇顏料吧！

不戴 3D 眼鏡
也能看到立體影像？

以往我們要從平面熒幕觀賞到立體影像，需要戴上 3D 眼鏡；而現在，有了「裸眼 3D」技術，我們單靠肉眼就能看到街上的立體廣告呢！

2022 年，香港迪士尼樂園在中環播放了一個廣告，米奇老鼠衝出熒幕，揮動魔法棒。而在日本澀谷也曾播放一個秋田犬廣告，可愛的小狗不僅會跳來跳去，還會從時鐘後探出頭來，接住遠處飛來的飛碟。事實上，米奇老鼠和秋田犬沒有變成立體，而是我們的大腦讓我們以為眼前的影像是立體的。

我們日常看到的影像，是大腦接收兩隻眼睛所見的畫面整合而成的，兩眼的位置不同，看物件的角度也不同，所以兩眼看到的影像有些微差異，稱為「視差」。視差能幫助大腦分析出哪些東西較遠，哪些東西較近，形成立體的視覺效果。

戶外的大型熒幕能夠產生「裸眼 3D」的效果，就是運用了視差的原理，並借助畫面中物體的遠近、大小、陰影效果和透視關係，呈現出立體影像。兩塊熒幕以 90 度直角的弧度安裝，當人們站在轉角的前方時，就能同時看到兩個不同的平面影像，人腦將影像融合，就產生了立體影像。不過，這種形式的「裸眼 3D」受到角度限制，人們需要在特定位置觀看，立體效果才會突出。

另一種「裸眼 3D」技術是在熒幕上添加阻擋光線的「欄柵」，這些欄柵由明暗相間的直線條紋組成，限制光線的行進方向，使兩眼能看到不同的畫面，再由大腦合併成立體影像。還有一種方式是利用柱狀透鏡，將光線折射，改變其行進方向，從而造成視差效果。然而，這兩種技術仍有不少限制，長時間觀看亦容易出現視覺疲勞，產生眩暈的感覺。

不少生產電視、電腦、電話的公司仍在努力開發具「裸眼 3D」效果的小型裝置。不知道這些產品什麼時候會面世？到時我們就能隨時觀看更多有趣的立體影片了！

手不用動，大腦替你動？

平日做功課時思考答案要花腦筋，還要動手寫下來，真累啊！要是大腦能替你把答案寫下來，那該多好呢！科技很可能令你夢想成真。

人類在思考時，大腦的神經細胞會不斷發出細微的電流，在科學儀器上看起來就像波動一樣，所以稱為「腦波」。近年來，科學家嘗試利用腦波來控制不同的器械，通過儀器分析腦波，判斷出大腦傳達的指令，再讓器械自動作出反應。以下就是其中幾個例子。

2014 年，日本創造出一款名為「意念貓耳」的產品，由貓耳頭箍和腦波接收器組成。當人戴上貓耳頭箍後，儀器便會接收腦波，感應人的情緒。當你高興時，貓耳就會豎起和震動；當你放鬆時，貓耳便會慢慢垂下；如果你非常專注，貓耳就會精神地豎起來。真可愛呢！

另一項發明也是由日本研發。2018 年，日本國際電氣通信基礎研究所研發出一種技術，利用電腦分析腦波，使人的意念能控制機械手拿起物品。參與測試的 15 位志願者中，就有 8 人能成功以意念控制機械手，精準地拿起瓶子。這項技術對人類控制機械人、機械臂的研究很有幫助。

科學家亦嘗試在醫療領域創造新發明，造福病人。2022 年，埃及科學家歐姆蘭（Abdelrahman Omran）為癱瘓人士設計了一款輪椅，以頭戴式裝置接收和分析病人的腦波，讓他們能自行控制輪椅前進、後退，甚至 360 度旋轉。美國史丹福大學的學者則發明了用意念打字的科技，在病人腦中植入電極來讀取腦波，只要病人在腦中想像字母或單字，人工智能軟件便能解讀信號，幫他們打出字詞。這項技術還在初步發展階段，如能提升打字速度和降低錯誤率，病人就能輕鬆表達自己心中所想了。

相信日後腦波分析的科技會更進一步發展，人類的生活將愈來愈方便。你又希望用這種技術做什麼呢？

未來的交通工具
不用駕駛員來操作？

巴士司機、船長、飛機師等駕駛大型交通工具的職業，都給人一種帥氣的感覺。可是在未來，這些職業可能都會消失——因為「無人駕駛」的新時代要來了！

顧名思義，自動駕駛車輛就是車輛能夠自行運作，其發展過程可以分為不同階段，如車上設有簡單的自動裝置，包括自動剎車系統等，但主要仍由人操作車輛；進階一點則主要由車輛負責自動駕駛系統操作，只有在遇到天氣惡劣、意外等特殊情況時，才轉由人類操作；最終的目標是實現完全的無人駕駛，任何情況下都由車輛完成所有駕駛操作。

目前，自動駕駛車輛已在部分國家「上路測試」。至 2023 年，美國已有 21 個州份立法允許使用自動駕駛車輛，而英國預計最快在 2026 年准許使用。法國、比利時等歐洲國家，更以這種技術經營公共交通運輸，創造更先進的公共交通網絡。

除了陸上汽車，海上和空中交通當然也正在進化。2017 年起，芬蘭的瓦錫蘭公司（Wärtsilä）已開始測試無人船隻，工程師只需要在工作室內通過衛星技術連接貨船，就能遙距操縱海上的船隻，就好像我們平日玩賽車遊戲一樣！

2019 年，空中巴士公司（Airbus）更已成功進行商用客機自動駕駛的測試，完成整個滑行、起飛、降落的過程。測試中使用的飛機設有圖像辨識功能，還有光學雷達等感測器，幫助飛機識別航行路線，並避免超越跑道、撞上其他客機的意外發生。有企業估計，無人駕駛飛機最早可以在 2025 年投入服務。不過，如果無人飛機的系統被駭客入侵，便有機會導致嚴重的安全問題，因此曾有調查訪問 8,000 位乘客，當中超過一半受訪者都不願意乘坐無人駕駛飛機。

如果未來真的有無人駕駛飛機提供服務，你敢乘搭嗎？

80個出口

向世界
新七大奇蹟
出發

從太空其實
看不到萬里長城？

有人說，在太空望向地球，唯一能看見的人造建築物就是萬里長城，但真的是這樣嗎？

萬里長城是古代中國所建造的城牆，用來防禦北方游牧民族入侵。在春秋戰國時代，中國有很多諸侯國，當時各國已經開始在不同地方修築長城，秦朝統一天下後，將各國所建的長城連接起來，其後歷朝進一步擴建，令城牆的規模愈來愈大。現時長城遺存的總長度超過 2 萬公里，橫跨北京、天津、吉林、陝西、甘肅等 15 個省市和自治區。

儘管長城是那麼壯觀宏大的建築物，但其實在太空是看不見大部分人造建築物的。萬里長城的平均寬度只有 6.5 米，根據科學家的研究，普通人飛到 40 公里以上的高度已無法看見長城。即使是視覺較為敏銳的專業偵察員，在飛到 60 公里的高空之後，也看不到長城了。

至於真正曾到太空一遊的太空人，更不約而同地否定了「在太空能看見萬里長城」這個說法。2003 年乘坐「神舟五號」前往太空的中國太空人楊利偉，就說過太空船上升到 30 公里以上後，他便漸漸看不見長城了。

後來，美國太空總署發布了一系列從太空俯視地球的照片。照片中，萬里長城就像頭髮一樣細微不可見，拍攝照片的太空人說當時肉眼根本看不見長城。比起不規則的建築，大橋之類的直線建築物更容易在太空中辨認出來，如埃及的吉薩金字塔群，就比萬里長城更清晰可見。

為什麼人們會先入為主地認為，在太空能看得見長城呢？原來這種錯誤的觀念，最初由英國作家亨利・諾曼（Henry Norman）於 1895 年提出，這個說法後來被其他作家反覆引用，以訛傳訛，變成各地民眾口耳相傳的資訊。加上這個觀點提出時，人類還未能前往太空，無法驗證這些猜測，謠言於是被當成事實，使大眾深信不移。

在太空雖然看不見萬里長城，但這番誤傳多年的言論，也側面反映了當時人們對萬里長城這座偉大古蹟的讚歎。

羅馬競技場的通道 比紅磡體育館還方便？

英文諺語說「條條大路通羅馬」，意思是做一件事情有很多方法，而當地的地標羅馬競技場就像俗語說的一樣四通八達。

羅馬競技場是古羅馬時代的遺蹟，在公元 80 年建成。巨型的混凝土柱和羅馬拱門是這裏的標誌，高大的石牆圍出寬廣的表演空間，場地的周圍則是 3 層看台。據說這裏一共可以容納 8 萬名觀眾，在全盛時期，每場表演平均有 6 萬多人入場觀看。試想像競技場內坐滿古羅馬人的場面，一定十分壯觀！

或者你會想：這裏能容納這麼多觀眾，那麼進場和退場一定很花時間吧？這樣想就大錯特錯了！觀眾填滿競技場只需要 15 分鐘，而離場最快只需要 5 分鐘而已！

為什麼古羅馬人能這麼快捷地進出競技場？原來是得益於這裏聰明的場地規劃。羅馬競技場的底層分別有 80 道拱門，最上兩層則有 80 個開口。觀眾入場時，會獲得一塊陶器碎片的「門票」，他們按照門票上的號碼，在底層找到相應的拱門入場，然後使用樓梯，迅速到達自己的座位。這是不是很像現代人去看演唱會，憑門票編號找到自己的座位一樣呢？可是香港的紅磡體育館也沒有 80 個出入口那麼多呢！

觀眾迅速進出競技場，還引申出英文單詞「vomit」（嘔吐）。大門出入口的拉丁文是「vomitorium」，當觀眾散場時，所有人快速穿過出口散開，就好像人嘔吐時，嘔吐物迅速流向四方一樣，後來英文就以「vomit」指嘔吐。雖然有點噁心，但這樣的形容很貼切呢！

除了便利的出入口外，羅馬競技場還有可移動的平台和木頭造的升降機。這些設施都由絞車操作，只要絞動繩子，就能輕鬆把戰士和野獸送上舞台，可見競技場的每一個地方都經過古羅馬人的悉心設計。

雖然由於地震、盜賊等影響，現在的羅馬競技場有不少損毀，但這裏充分反映了古羅馬人的建築智慧，是名副其實的世界奇蹟呢！

沙漠中
有一座玫瑰紅城？

說到沙漠，相信你一定會聯想到棕黃色的沙土和駱駝，但在約旦的沙漠之中，有一座瑰麗的古蹟並不是無趣的棕黃色，而是玫瑰紅色的。

佩特拉古城位於約旦首都安曼，相傳「佩特拉」是由希臘文「petrus」（岩石）一詞演變而來的。這裏的岩石帶有紅、黃、橘、褐、紫、淺藍、綠等顏色，當中最突出的，就是紅褐色的砂岩高山。這種美麗而天然的淡紅色調，為古城贏得「玫瑰紅城」的美譽。

古城中心是一個廣場，而廣場正前方矗立着莊嚴的卡茲尼神殿，兩側還有羅馬式的露天劇場、浴室、寺院、墓穴等建築。卡茲尼神殿是古城中最具代表性的景點，「卡茲尼」在阿拉伯語中有「寶藏」的意思，被當地人視為法老王藏寶的地點。荷里活電影《奪寶奇兵之聖戰奇兵》就曾在這裏取景。

整座神殿足足有 39 米高，25 米寬，而最令人讚歎的是，這樣雄偉的大殿，居然是用同一塊砂岩雕鑿而成的，簡直是鬼斧神工！神殿的前壁分為兩層，下層有 6 條古希臘科林斯式的巨柱，入口兩側各放置了雕像，塑造了希臘神話中著名的雙胞胎兄弟卡斯托和波路克斯，他們是雙子座的起源。上層則供奉了 9 座神像，正中央的是古埃及的健康、戰爭、愛情和婚姻之神伊西斯，祂的兩旁是兩位古希臘勝利女神尼姬，其餘 6 座雕像則是威風凜凜的亞馬遜戰士。在神殿頂部，還有 4 座栩栩如生的鷹像，以凌厲的眼神注視每一位遊客。

考古學家認為，佩特拉古城可能在公元前 3 至 2 世紀的納巴特王國時期建成，已有超過 2,000 年歷史。聯合國教科文組織把這裏列入世界遺產名錄，肯定了古城的歷史和文化價值。

和其他死氣沉沉的古蹟不同的是，直至現在，佩特拉古城內還有約 300 多位居民生活，如果你有機會前往這裏，記得保持安靜，不要打擾在這裏生活的居民啊！

里約熱內盧的
基督像有多高？

香港大嶼山上有天壇大佛守望市民，而在地球另一邊，巴西里約熱內盧就有一座救世基督像屹立在高山之上。

救世基督像位於駝背山上，這座山峰高達 710 米，是里約熱內盧最高的山峰之一。站立在高山上的基督像有 38 米高，張開的雙臂總長 28 米，是名副其實的巨人！有這樣龐大的身形，救世基督像的重量當然也非常驚人，重 1,145 噸。聽到這裏，你是不是很好奇人們是怎樣把沉重的建築材料運到高山之上？

其實，在設計救世基督像時，工程師已經決定採用鋼筋混凝土代替沉重的鋼材，減輕建造過程中運輸材料的壓力。為了運送巨型石材，當地政府更特地在駝背山上開拓出一條鐵路，令建築救世基督像的過程更加順利和快捷。不過，即使有了鐵路，在山上興建巨人仍然是一項艱鉅的工作，整個工程由 1921 年開始籌備，直至 1931 年才峻工，足足花了 10 年呢！

巨大的基督像很快成為了里約熱內盧的地標，即使旅客乘搭駝背山的鐵路後，還要徒步爬上 200 多級樓梯才能到達救世基督像的所在，每年仍然有超過 200 萬名遊客前來參觀。這個偉大的建築在 2007 年入選為世界新七大奇蹟之一，可見它有多受全球旅客歡迎！

不過，里約熱內盧的救世基督像雖然世界聞名，卻不是世上最高的基督像。巴西南部的恩坎塔杜市興建了一座 43 米高的基督像，比里約熱內盧的雕像足足高 5 米！不過，正所謂一山還有一山高，基督像當然也是天外有天，「像外有像」。在波蘭的史威伯茲市，有一座高達 52 米的耶穌雕像；而正在墨西哥興建的耶穌像，預計會達到 77 米高！

隨着人類運輸和建築技術的成熟，建造大型雕像的難度將不斷降低，世界各地都能建造更多巨大到不可思議的建築物。不知道在將來，更大的基督像又會在哪個地方出現呢？

神明會降臨
瑪雅金字塔？

提到金字塔，你一定會想到埃及，但原來墨西哥也有一座著名的「金字塔」，那就是入選新世界七大奇蹟的羽蛇神金字塔。

羽蛇神金字塔位於墨西哥的猶加敦半島，是古代瑪雅文明的遺址。瑪雅人曾經在當地建立城市「奇琴伊察」，意思是「在伊察的水井口」。在公元 600 年左右，這座城市成為了瑪雅文明重要的地方，但後來，當地發生了嚴重的戰爭，繁華的城市也因此而衰落。雖然我們無法親眼看見奇琴伊察昔日的光輝，但羽蛇神金字塔仍然為我們保留了瑪雅文明美麗的面貌。

羽蛇神金字塔約高 24 米，塔頂有一個 6 米高的神廟，至今已有約 800 年歷史。和埃及金字塔四面是平滑的斜面不同，它是由 4 面階梯組成的，每面的階梯有 91 級，加上塔頂的神廟，合計是 365 級，正好等於瑪雅曆「哈布曆」中一年的日數。

神廟祭祠的羽蛇神是一條長着羽翼的蛇，祂在中美洲傳統信仰中主宰着晨星，也是能呼風喚雨，保佑五谷豐收的偉大神明。當地人相信，每年春分和秋分的日出和日落時，羽蛇神都會降臨這座金字塔。因為陽光照射時，金字塔的拐角在北面階梯投下陰影，形成蛇身的形狀，連接底部的羽蛇神頭像，看起來就好像羽蛇神從天而降，伏在金字塔上一樣！隨着陽光移動，陰影更會慢慢下移，讓羽蛇神從金字塔頂爬到下方，畫面神聖又不可思議，所以不少遊客都特地在這些時候前來觀賞羽蛇神威武的姿態呢！

你以為這就是最神奇的地方了嗎？還不算呢！在這座金字塔附近，居然還能聽見雀鳥的叫聲——不是天然的鳥鳴，而是拍掌聲變成的鳥鳴聲！原來瑪雅人在建造金字塔時，特別設計了一種效果，當人們在金字塔底部拍手時，階梯會將聲波反射，形成像鳥鳴聲一樣的回聲。

瑪雅人一定是非常聰明，才能想出這些別具創意的設計呢！

泰姬瑪哈陵見證了一段淒美的愛情故事？

世界上有很多動人的愛情故事，泰姬瑪哈陵背後，就流傳着印度國王沙賈漢與愛妃的淒美故事。

沙賈漢是蒙兀兒帝國的第五任國王，他的妃子本名阿珠曼德・芭奴・貝岡。相傳她擁有絕世的美貌，沙賈漢對她寵愛有加，更賜予她「慕塔芝・瑪哈」（Mumtaz Mahal）的稱號，意思是「宮中翹楚」或「宮中珍寶」。

慕塔芝為沙賈漢生下 14 名子女，可惜在最後一次生產時，慕塔芝受到細菌感染而病危，死前要求沙賈漢承諾不能再娶其他妃子，而且必須為她興建一座美麗的陵墓。

沙賈漢信守諾言，不再娶妻，並興建了泰姬瑪哈陵。他死後，更與自己的愛妃合葬在這裏。

「泰姬」是皇冠的意思，「泰姬瑪哈」則是指「宮殿之冠冕」。陵園佔地約 17 公頃，建有大門、庭院、主殿、清真寺等建築。泰姬瑪哈陵之美，在於其完全對稱的建築特色，而主殿是整個建築群的焦點所在。它是一座雪白的大理石建築，頂部有一個 35 米高的巨大圓頂，這是伊斯蘭建築的常見元素。印度大詩人泰戈爾由圓頂聯想到眼淚，在詩歌中稱這座陵墓是「面頰上的一顆永恆淚珠」，為這裏更添一份浪漫氣息。

為了建造這座墓園，沙賈漢動用了 2 萬名工匠，花了 22 年來修建，還從中國、阿富汗、斯里蘭卡等地蒐集了 28 種珍貴的寶石和礦物。整個工程花費高達 3,200 萬印度盧比，約等於現在的 64 億港元！

可惜的是，當初用來裝飾泰姬瑪哈陵的珠寶，已在戰爭中被搶掠一空，但它依然是世界上最美的陵墓。1983 年，聯合國教科文組織將泰姬瑪哈陵列為世界遺產，後來人們又選它為新世界七大奇蹟之一。今時今日，我們仍然可以參觀這座優美的陵園，一起見證沙賈漢與慕塔芝至死不渝的愛情。

印加人怎樣把巨石搬到 2,000 多米的山上？

印加文明是古代南美洲的重要文明，而馬丘比丘就是印加人留傳給現代人的世界奇蹟。

馬丘比丘是印加帝國的一座城市遺蹟，約在 15 世紀興建，位於現今秘魯東面的山脈上。當地的海拔高達 2,430 米，即使是現代人也無法輕易到達，但印加人卻在這裏建造了一座宏偉的古城。考古學家相信，這裏是印加國王或貴族的皇室莊園，或是一個宗教場所。

整個馬丘比丘遺蹟有超過 140 座建築物，主要分為神聖區、祭司和貴族的居住區，以及南邊的通俗區。遺蹟包括公園、廟宇、宮殿、避難設施等等，呈現了當時印加人的生活面貌，石造建築也與山上的自然環境完美融合。

這些建築之中有超過 100 座階梯，驚人的是，大部分階梯都是由一塊完整的巨大花崗岩雕鑿而成的！此外，階梯附近還有不少水池，印加人更在水池底下用石頭砌成下水道，用來疏導地下水，將水流引到灌溉系統，可見當時的建築規劃已經非常周密。

馬丘比丘建於高山，而且當地經常下雨，每年降雨量可高達 2,000 毫米，容易發生山泥傾瀉，但經過 500 多年的考驗，馬丘比丘仍然保存良好，這得益於良好的排水系統。山坡上的梯田除了可用來耕種外，也使山坡免受雨水侵蝕。此外，印加人用石頭建築擋土牆，又鋪設泥土，使雨水能排到地下。

這些由石頭建成的建築，充分表現了印加文明的建築風格。不過，你有沒有想過，印加人是怎樣把沉甸甸的石材運送到 2,000 多米的高山上的呢？

考古學家推測，印加人在距離馬丘比丘 600 米的山谷中，開拓了一個採石場，專門為城市建設提供材料，減低了運送物資的難度。他們又運用山坡天然的斜面，動用成千上萬的工人將石材滾上山坡。不過，即使現代人有滾輪、電纜等設施方便運輸，要把巨大石頭運到山上仍然很困難。

可惜印加人沒有留下文字資料，不然我們就能解開馬丘比丘是怎樣建成的謎題了！

不思議的想像世界

如果地球的重力消失，所有生命都會滅亡？

你有沒有想像過，如果地球沒有了重力，這個世界將會變成怎樣？原來一旦它消失了，地球上所有生命都無法繼續生存！

在開始想像之前，先來了解一下重力是什麼吧。重力是一種力量，由地球施加在所有圍繞着它的東西，小至地上的石頭，大至高樓大廈，地球上的所有物質都受重力影響，這種力量使物體能落在地上，不會在空中飄浮。

月球的重力只有地球的六分之一，所以太空人在月球上活動時，輕輕走一步便會飄起來。如果地球失去重力，那麼我們便會像太空人一樣飄浮起來，好像很好玩呢。但實際情況一點都不有趣！地球會自轉，在失去重力後，我們都會像桌球一樣在空中撞來撞去，無法控制自己的方向。在地球中間的赤道地帶自轉速度最快，在幾秒之內人們就會飛到很遠的地方去！

更失控的是，不只人類，所有生物和死物都會在空中飄浮。試想像你在空中飛來飛去時，你的貓飛過你的頭頂，街上的樹木和高樓被連根拔起，甚至海水也會被扯到空中，這場面多可怕！

不過，這還不算最嚴重的問題。地球失去重力後，大氣層會消散到太空之中，換言之沒有空氣，空氣中的壓力會消失，與我們耳朵裏的氣壓造成巨大差異，導致內耳瞬間爆裂！更可怕的是，地球上所有生物賴以為生的氧氣也會消失，我們很快就會窒息而死。

地球是靠着重力維繫的，一旦重力消失，地心中的龐大壓力會導致地球膨脹裂開，出現地震、火山爆發，地球將會面目全非，而內核更可能會在巨大爆炸中破裂，使地球變成一塊塊碎片，散落在太空中，這個美麗的藍星球不再存在。

現在你知道地球上的重力對我們有多重要了吧！其實，我們能夠「腳踏實地」地生活，已經很幸福了。

如果所有人都變成素食者，世界會怎樣？

近年來，愈來愈多人支持素食主義，主張吃素能改善地球環境。你有沒有想像過，如果地球上的人都只吃素，不再吃肉，世界會變得更美好，還是更壞呢？

原來，所有人一起吃素可以減慢全球暖化。生產肉食品期間會排出溫室氣體，豬、牛、雞等動物的排泄物中含有甲烷等有害氣體；生產動物的飼料、肥料也會排放氧化亞氮等高濃度溫室氣體，這種氣體對溫室效應的影響，比二氧化碳強三百倍！如果全球人類吃素，溫室氣體排放量就能大幅減少六成以上。另一方面，畜牧業佔用了大片農地，目前世界上有約 50 億公頃的土地用於畜牧業。如果所有人都不再吃肉，這些土地能變回森林，吸收二氧化碳，減少溫室氣體。

草原面積增加更能造福野生動物。人們為了保護牧場中的牲畜，往往會趕走或殺害具威脅性的野生動物，比如狼群、水牛等。如果我們把畜牧業的土地重新「開放」給野生動物，瀕危動物便能繁衍生息。

說到這裏，你可能會以為全球民眾一起變成素食者，對世界有利無害。不過，其實這樣也會帶來一些問題。

第一點是就業問題。全球有數以千萬計的人從事畜牧和肉食品加工等工作，假如我們都不再吃肉，他們很快便會失業。到時候，我們要怎樣支援他們轉行，幫助他們維持生計呢？

第二點，有些民族的文化可能會漸漸消失。吃肉和文化看似毫無關係，但試想像，聖誕大餐怎麼可以沒有火雞？中國人吃團年飯時，也習慣挑一隻肥美的雞與家人分享。假如我們不再吃肉，這些文化便會消失。此外，現今世界仍有一些游牧民族，他們仍然根據大自然的生長周期，與牲畜一起遷徙。如果他們不再放牧，還是「游牧民族」嗎？

全球人類一起吃素有好處也有壞處，你認為我們應該一起吃素嗎？

如果世界沒有了熱，我們就無法再吃蛋糕？

隨着溫室效應加劇，地球變得愈來愈熱，不如讓我們反其道而行，一起想像如果世界沒有了熱，我們的生活會變成怎樣吧！

沒了熱，你的衣食住行都會產生巨大的變化。在衣著方面，你首先要把衣櫃裏所有背心、短褲丟掉，換上厚厚的冬裝。問題是，無論你穿上多少件衣服，再圍上多少圍巾，你還是會感到很冷。

那麼在食物方面又怎樣呢？我們每天吃的食物大多是熱食，高溫能為食物增添不少風味，比如把麪團放在焗爐中烤，當中的糖和蛋白質在高溫下會產生化學反應，稱為「梅納反應」，這是令烘焙食品香氣撲鼻的魔法。如果世界沒有了熱，我們就無法品嘗蛋糕、麵包等美食，每天只能吃魚生、沙律等未經烹煮的食物。

此外，世界沒有熱也會令我們生病的風險大增，因為攝氏 70 度以上的高溫能殺死細菌，大幅降低我們生病的機會。假如沒有熱，我們只能茹毛飲血，那些會引致嚴重疾病的細菌，如沙門氏菌和金黃葡萄球菌，就很容易進入我們的肚子中。不少魚類之中更含有線蟲等寄生蟲，假如我們無法煮熟魚類，感染寄生蟲的機會便大大增加！

沒有熱，吃飯變得太危險了，那麼住和行方面又怎樣呢？很可能一樣危險。地球之所以能維持宜人的氣溫，是因為大氣層儲存了太陽的熱量。假如世界沒有了熱，就像大氣層消失了一樣，地球的溫度會急速下降。到時候，整個地球會變得非常寒冷，溫度長期處於攝氏零度以下。所有海洋都會因氣溫急降而結冰，你也會被凍成「雪條」，根本不可以繼續在地球上居住了！

現在你知道熱對人類的生活有多重要了吧！要是地球不再熱，後果真不堪設想呢！

如果地球生物突然減少一半，你會被蚊子咬死？

地球人口愈來愈多，對環境造成很大破壞，資源供不應求的問題也愈來愈嚴重。假如全球所有生物突然減少一半，這些問題能解決嗎？還是會產生更多的危機？

當人口突然減少一半，我們對食物、食水以及其他生活必需品的需求自然減少一半，地球資源消耗的速度就會減慢。人類的活動沒有過往那麼多，減少了環境污染和破壞，這樣其他動物可能會受惠，牠們或會有更大的棲息地，亦不會那麼容易被人類獵殺。

不過，地球生物減少一半也會衍生不少問題。首先，人類社會將面臨人力資源不足、全球產業混亂的問題。在突然消失的一半人口之中，一定有很多重要的人物和專業人士，比如國家元首、跨國企業老闆、醫生、廚師、飛機師等等。每個人在社會上都有其崗位，大量人口消失的話，很多工作會停頓，整個世界的運作都會變得混亂。例如你想喝珍珠奶茶——不好意思，奶茶生產商的老闆消失了，運輸公司的司機也消失了，現在沒有珍珠，你再等等吧——但不知道要等多久就是了。

其次，動物的生態也會大亂。生物繁衍的速度不一，例如人類生產一次需要 10 個月時間，每次生產通常只會有 1 至 2 個寶寶出生；但蚊子每次可以產出 50 至 200 顆卵，而且卵只要幾天就能長大成蟲。像蚊子這些能迅速、大量繁殖的生物，會在生物數量減半後得到繁殖優勢，只要很少時間，牠們的數量便能回到之前的水平。到時候，繁殖周期較長的物種便要承受牠們的威脅——你每年被蚊子咬的次數可能是以前的數倍！至於一些瀕危絕種的動物，牠們本來已很難找到同類交配，現在數量減半，牠們可能就會因此滅絕。

看來將生物數量減半會產生很大的壞影響，我們還是想想其他辦法來解決環境和資源問題吧！

如果沒有了文字，我們現在還是原始人？

我們依靠文字學習新知識，你可能想過，如果世界沒有文字，你就不用再做功課了——其實不只如此，沒有文字，整個地球的文明發展都會改寫。

目前世界上的文字主要分為幾個不同系統：拼音文字、意音文字和形意文字。大家熟悉的英語、法語、意大利語等用字母拼寫的語言，都是使用拼音文字的代表。意音文字是指混合象形圖案和表示聲音的符號的文字，比如漢字的「蝴」，就以象形的「蟲」和表示聲音的「胡」結合而成。至於形意文字，即是以圖像表示意思的象形文字，這種文字歷史最為久遠，不少史前壁畫中都有它們的蹤影。

世界上最古老的文字，可以追溯至公元前 3500 年左右的蘇美爾楔形文字。透過文字記載，考古學家才能清晰了解人類從茹毛飲血，發展到能書寫、能記錄的文明發展過程，例如古埃及人就用聖書字，記載了智慧之神托特（Thoth）創造文字的傳說；而中國人就用甲骨文，寫下了商朝人的生活面貌。

考古學家認為，文字的確立，是文明發展的開端。因為沒有了文字，上一代的智慧就難以傳給後代。我們就是通過文字，了解千百年前的古人是如何生活，理解他們的思想，使文明得以延續。

除了傳承智慧外，文字還能確立人類社會的秩序。好像你的手冊內，一定用文字清楚列明了「課室規則」，告訴你怎樣穿校服、在課室不能大吵大鬧等等，還寫了你做錯事後應受的懲罰。有了文字寫出規矩，秩序才能確立。如果沒有文字，老師就不能清楚指示你在課室不要說話，只能叫得比你更大聲，那時候課室會多混亂啊！

原來沒有文字，我們的歷史、科技、文化、傳統都不可能建立起來。如果幾千年前的人類沒有發明文字，我們很有可能到現在還是原始人呢！

如果地球變成兩倍大，所有生物都會面目全非？

香港寸金尺土，你有沒有想像過，如果地球變大，你的家是不是也可以跟着變大呢？不過，地球變大的結果很可能沒有你想像得那麼好。

科學家指出，如果地球的直徑變長一倍，地球的質量就會增加八倍，而重力也會增加兩倍。當重力增加後，所有生物的重量都會增加兩倍。換句話說，現在的你可能只有 30 公斤重，身形纖瘦，健步如飛，但當重力增加兩倍，你的體重也會增加至 60 公斤。到時候，你每走一步都要拖着 60 公斤的重量，再也不能像以前跳得那麼高了。除了人類受影響外，大型的植物同樣會面對很大的問題。試想像數十米高的木棉樹承受多兩倍的重力，很有可能會因為太重而倒塌！

物理學家分析，如果地球變大，所有動植物都必須各出奇招，才能應付強大的重力。纖瘦的小鹿可能要長出更粗、更重的腳，才能支撐牠們的重量；而兔子可能會變得更輕、更瘦，才能像現在一樣靈活地跳來跳去。

另一方面，除了地上的生物大受影響，月球也會因為地球變大而改變。地球變大後，引力也變得更大，月球不能再與地球保持現在的距離，而會被拉到更近的地方。你或許會覺得，月球變近，天上的月亮會變得更大、更亮，不是什麼壞事啊。可是地球每日的潮漲與潮退，其實是月球悄悄控制的。如果月球變近，地球上的海水活動便會發生劇烈的轉變。到時候，幾層樓高的巨浪可能會衝擊沿海地區。如果你住在將軍澳、柴灣等沿海地方，說不定整棟大廈都會被水淹沒呢！

不僅如此，到時候大氣層會更加接近地面，空氣中的氧氣也會增加。這聽起來很不錯，但過量的氧氣可是會引起氧氣中毒，嚴重損害我們的中樞神經，甚至導致死亡的！

地球變大的後果實在太可怕了，希望地球千萬不要長大啦！

如果沒有昆蟲，我們都會大難臨頭？

說起蒼蠅、蚊子、蟑螂……你可能覺得牠們很噁心，想着如果世界上所有蟲子都消失就好了。現在就讓我們一起想像沒有昆蟲的世界會變成怎樣吧！

世界上有不少昆蟲都是疾病的傳播者，比如蚊子會傳播登革熱和日本腦炎，而蒼蠅會傳播沙門氏菌。一旦昆蟲從世界上消失，這些疾病的傳播率便會大大減低，人類就會變得更健康，生活更安全。

另一個好處是，農民再也不需要為農作物施加殺蟲劑和農藥。據統計，美國的農民每年為了殺掉昆蟲，都要用上超過 22 萬噸的農藥！農藥中的化學物質對人類有一定壞處，少了農藥，我們吃的蔬果自然更天然了。

這樣聽起來，沒有昆蟲的世界簡直是世外桃源啊！這樣想就錯了，可怕的結果在後頭呢！

其中一個壞處，就是影響不少產品的生產。昆蟲其實是很多貨品的生產原料，例如保暖的絲綢衣服來自蠶，唇膏和胭脂鮮豔的顏色來自胭脂蟲，而有些油漆就以紫膠蟲作為原料。沒了昆蟲，我們就要想辦法用其他材料來生產這些物品。

此外，你一定知道蜜蜂會飛進花朵之中，牠們除了製造蜂蜜，還有更大的任務，那就是為植物授粉，幫植物「傳宗接代」。如果少了蜜蜂、蝴蝶等昆蟲，全球超過八成的農作物便無法再繁殖。到時候，我們的主要糧食——大米、小麥、蔬菜、水果等都無法生長，我們將會面臨巨大的糧食危機！

不止這樣，昆蟲消失還會破壞食物鏈。世界上有不少動物都以昆蟲作為主要糧食，比如食蟻獸、啄木鳥、青蛙等等。失去了昆蟲，牠們沒有食物，很快就會餓死。這會引發連鎖效應，令捕食牠們的獵食者也失去食物，不用多久，地球就會變得屍橫遍野了！

最可怕的是，以上後果真的有可能發生！近年，由於人類發展和污染問題，蜜蜂的數量不斷下降，令自然界大受影響。不想地球環境惡化的話，我們一定要好好愛護環境啊！

如果世界沒有顏色，動物的生活會大亂？

人類的眼睛能看到色彩繽紛的世界。不過，假如沒了顏色，世界會變成怎樣呢？對動物來說，這就出現大問題了！

顏色對動物可是大有作用的！動物有警戒色，民間有一種說法：昆蟲顏色愈鮮豔，毒性就愈強，這句話其實是古人觀察警戒色而來的智慧。原來有毒的昆蟲和動物身上常常有鮮明的黃、白、黑、紅等顏色，用來警告捕食者「我有毒！不要吃我！」像臭鼬鼠身上的黑白色也是警戒色，如果捕食者不帶眼識「色」，當然就要接一招「臭屁攻擊」了！

另一方面，顏色也是動物挑選配偶的標準。我們常常看到雄孔雀打開毛色豔麗的尾屏，就是為了吸引異性和牠們交配。如果世界上沒了顏色，動物不論在生活、繁衍和捕食方面都會遇上大難題。

不過，對人類來說，色彩的影響可能沒有那麼大。心理學上有一種說法，認為顏色會影響人的情緒，比如人看到紅色便會感到不安和焦慮，而綠色和藍色能令人心情平靜等。不過，過去的實驗都無法證實這種說法。比如 2014 年，研究人員把瑞士一座監獄的牆身塗成粉紅色，希望藉此減輕囚犯的攻擊性，但結果所有囚犯都沒有受到顏色影響。

另外一些研究認為，顏色本身不會牽動我們的情緒，但社會使用顏色的方式，會令人類把某種顏色與特定情緒連結。意思是，如果你看到紅色就覺得緊張，可能是因為老師批改考卷時使用紅筆，令你一看見紅色，就想起考試的焦慮。如果世界沒有顏色，你反而不會受到這種聯想困擾呢！

不過，活在一個沒有顏色的世界多無趣啊，還是七彩繽紛的世界比較好，你覺得呢？

如果沒有陽光，我們的一天會超過 24 小時？

如果陽光消失，四周會變得一片黑暗，地球的溫度也會下降，植物進行不了光合作用，不能提供氧氣，我們就沒有足夠的氧氣呼吸了！但假設地球只是沒有陽光，溫度和氧氣都沒有變化，那麼生活在黑暗之中的我們會有什麼變化呢？

我們的身體有一個「生理時鐘」，它決定了我們什麼時候清醒和睡覺，讓我們按照規律來作息。而人類的生理時鐘受陽光影響，以大約 24 小時為一個周期。當清晨的陽光照入我們的眼睛，大腦便會接收到「現在是白天」的訊息，於是通知身體不再分泌讓我們昏昏欲睡的褪黑激素，令我們變得清醒。到了晚上，大腦接收到光線變暗的訊息，知道已經來到晚上了，便會反過來叫身體分泌褪黑激素，令我們產生睡意。

如果沒有陽光，我們的生理時鐘會改變嗎？2021年，法國人類適應研究所進行了一個實驗，請 15 名參與者待在黑暗的洞穴裏，他們不知道時間，直至 40 天後才離開洞穴，結果發現他們的生理時鐘延長至 32 小時，所以參與者以為自己只待在洞穴裏約 30 天。由此可見，在缺乏陽光、室內照明和不知道時間的情況下，人類的生理時鐘似乎會延長。這個現象在其他生物身上也可以找到：安氏坑魚 200 萬年來都隱居在索馬利亞沙漠的地下洞穴之中，由於看不到光，牠們完全不受光線影響，生理時鐘幾乎比地面生物長一倍，長達 47 小時！

除了影響生理時鐘的運作，缺少陽光對我們的健康可能會有壞影響。透過曬太陽，我們的身體能夠自行產生維他命 D，它能夠幫助我們吸收鈣質，維持免疫功能正常。如果不能曬太陽，我們就少了一個渠道吸收維他命 D。接觸陽光對我們的心理健康也很重要，太陽能夠讓大腦釋放更多血清素，這種荷爾蒙能讓人的情緒保持平靜。有些地區冬季日照時間短，人們就容易出現憂鬱的症狀。

原來陽光對身體那麼重要，平日我們都要多曬太陽，但記得先做好防曬措施！

如果世界沒有了聲音，我們很可能會經常跌倒？

在我們的日常生活中，形形色色的聲音傳入耳朵，有時真想世界安靜下來！如果世界真的沒有聲音會怎樣呢？

聲音是經由物體震動而產生的聲波，當聲波穿過耳道，耳內的鼓膜會震動，使耳蝸內的液體流動，觸動感應聲音的細胞，再把聲音轉化為電流訊息，經由聽覺神經傳到大腦，於是我們就能聽到聲音。聲音的大小是以「分貝」來衡量的，當分貝數值愈大，音量就會愈大，例如在耳邊說的悄悄話大約是 30 分貝，演唱會的音量則可高達 120 分貝。

如果我們聽不見，是不是等於沒有聲音呢？原來，音量可以出現負值的！人所能聽到的最小音量是 0 分貝左右，但其實世界上有很多我們聽不見的聲音，就像空氣分子會互相碰撞，產生聲波，而這些聲音只有約負 24 分貝。

不論是我們聽到或聽不到的聲音，如果有一天世界上所有聲音都消失了，我們的生活會變得怎樣呢？你再也不能聽喜歡的音樂，不能和朋友對話，這些改變或者會令你很失落；人們的生活會出現大混亂，大家需要上學學習手語，電視節目全變成無聲的畫面，汽車響號、消防鐘聲等全聽不見，發生意外時使很危險……有時候，還會出現一些你意想不到的後果，例如我們走路時可能會經常跌倒！

你是不是在想，只是聽不見任何聲音，但雙腿沒有出現問題，怎麼會容易跌倒呢？那是因為聲音和身體平衡其實有很大關係。我們能夠維持身體平衡，是依靠內耳的前庭系統、眼睛的視覺系統和身體的體感系統（包括皮膚、肌肉和關節）將訊息傳到大腦，然後大腦再指揮身體作出反應。當我們聽不到聲音，就不能通過耳朵把空間資訊傳送到大腦，只能依靠其他的感覺器官，這樣大腦能夠收集到的空間資訊會減少，我們就更容易在活動時失去平衡和跌倒。

原來聲音的作用這麼大，還好這個世界有聲音存在呢！

膽小者不要看的不思議事物

誰敢咬一口蛆蟲芝士？

看到餐點上繞着蒼蠅，你一定會大倒胃口。沒想到，世界上居然有一種芝士以沾滿蟲子代表美味——那就是卡蘇馬蘇芝士！

卡蘇馬蘇芝士的原產地是意大利的薩丁尼亞島，在薩丁尼亞語中，這種芝士稱為「casu marzu」，意思是「腐臭的芝士」，也有人根據芝士的製作方式，稱它為「活蛆芝士」。

卡蘇馬蘇芝士一般以綿羊的羊奶作為原材料，廚師會故意把芝士放置在室外，吸引酪蠅前來。酪蠅喜愛在油脂豐富的芝士中繁殖，因此一發現卡蘇馬蘇芝士，牠們便會蜂湧而至，在芝士上產卵。卵很快便會孵化出幼蟲，在芝士上扭來扭去，甚至彈跳起來，高度可達 15 厘米。

幼蟲以芝士作為養分，吸收營養的過程中會分泌出獨特的物質，令芝士中的乳脂被消化和分解。經過一段時間後，卡蘇馬蘇芝士會變得比一般羊奶芝士更柔軟，並滲出美味的汁液，當地人稱之為「làgrima」，意思是「眼淚」。

根據傳統，薩丁尼亞島居民會在派對、婚禮等喜慶場合，一邊喝紅酒，一邊把卡蘇馬蘇芝士塗在麪包上食用。當地人吃卡蘇馬蘇芝士時大多不會移除幼蟲，如果不敢吃活蟲，也可以把芝士密封在袋中，幼蟲就會窒息而死。

不過，酪蠅有機會傳播沙門氏菌等病菌，幼蟲在芝士中分泌的代謝物也有機會導致過敏，因此卡蘇馬蘇芝士被封為「全球最危險的芝士」。基於衛生原因，意大利政府早在 1962 年禁止出售卡蘇馬蘇芝士。可是，薩丁尼亞島居民至今仍然會製作這種芝士，他們更希望政府重新檢視卡蘇馬蘇芝士的食用風險，將它變回合法出售的食物。

假如你能夠前往薩丁尼亞島，你敢嘗試這種「風味獨特」的芝士嗎？

最離奇的山難
是怎樣發生的？

大自然之中佈滿危機，一不小心，人類很容易便會在大海、高山等地方失去性命。1959 年，曾有一隊登山高手打算挑戰攀登高山，結果不但全員喪生，更留下了一宗可怕的懸案。

這件奇案就是佳特洛夫事件。當時有 9 位登山者一起攀登位於現今俄羅斯境內烏拉山脈的「死亡之山」，這座山的海拔高達 1,097 米，天氣寒冷。登山隊後來在山上失蹤，當搜救人員找到他們時，他們已經變成冰冷的屍體。最詭異的是，明明在冰天雪地之中，但有幾具遺體被發現時卻只穿着內衣和薄恤衫，到底是什麼原因令他們決定在風雪中脫掉衣服？

其中一個解釋是，登山隊很可能遇上雪崩，隊員因而出現低溫症。低溫症又稱為失溫症，是人體溫度過低時引發的症狀。我們的體溫一般維持在攝氏 36 至 37 度之間，低於 35 度便有機會引致低溫症。

一開始，患上低溫症的人會顫抖，身體變得僵硬和發麻，其後肌肉會變得不協調，甚至出現四肢變藍的情況；當體溫下降到攝氏 32 度以下，人們便無法控制肌肉，更可能會語無倫次，做出反常的行為——例如像佳特洛夫事件的遇難者一樣開始脫掉衣服，這可能是因為低溫讓腦部的運作出錯，讓人誤以為身體很熱。

雖然事故能以科學合理解釋，但還有一些疑點尚未能解開，例如在部分遇難者身上的衣服竟然探測到很高的輻射。此外，事發後政府的態度也很可疑，政府草草調查後，只公布登山者是死於「強大的未知力量」，其中兩具遺體不讓家屬接觸就埋葬，調查報告亦被列為機密文件，其中部分頁面更是不翼而飛，整個處理手法十分可疑，讓人懷疑事件與軍方測試秘密武器有關。

究竟意外的真相是怎樣的？希望有一天這些未解的謎團能水落石出！

無人的幽靈船
在海上航行？

1872 年，加拿大船「承蒙天恩號」在亞述群島附近前進時，船員發現了一艘美國船隻正向着歐非大陸之間的直布羅陀海峽航行。詭異的是，那艘船上沒有任何船員操縱船隻行駛的方向——這艘「幽靈船」就是「瑪麗賽勒斯特號」。

瑪麗賽勒斯特號全長 31 米，重 282 總噸。這艘船上載有船長、其妻子和女兒，以及 7 名船員，一共 10 人。當時，它正載着超過 1,700 桶酒，前往意大利熱那亞，但在 11 月 24 日後，船上的航海日誌便沒有更新，船上的人也人間蒸發。

當承蒙天恩號的船員登上瑪麗賽勒斯特號時，整艘船都濕漉漉的，甲板之間有海水流來流去，船艙的門打開了，救生艇少了 1 艘。1,700 多個酒桶中，只有 9 個空了，其他的原封不動。除了這些奇怪的情況外，船上一切如常。

撰寫福爾摩斯偵探小說的英國作家阿瑟・柯南・道爾（Arthur Conan Doyle）曾以這宗離奇事件為背景，創作了一篇關於瑪麗賽勒斯特號倖存者的短篇小說。在他的想像中，一名為了復仇的奴隸把船上的人都殺死了。但在真正的瑪麗賽勒斯特號上，並沒有發現任何暴力痕迹。

直至現在，仍然沒有人知道瑪麗賽勒斯特號上的人為什麼會失蹤。有人猜測是船上的酒精桶滲漏，只要遇上火花，便會發生大規模爆炸。船上的人也許為了躲避意外，紛紛乘搭救生艇逃生，但救生艇離開母船後，他們找不到補給，結果全員喪命。

也有人主張這艘船可能遭到龍捲風侵襲，因為龍捲風會把海水捲到船上，令船隻下沉，這也許是船上佈滿水的原因。更有人說，船上的人可能都被巨型墨魚抓走了，但以上說法都沒有證據支持。

近年來，不少影視作品和遊戲都以瑪麗賽勒斯特號為題材，假如你對這樁奇案有興趣，不妨找找這些作品，一起想像這艘船到底經歷了什麼吧！

因紐特人
為什麼要醃海雀？

瑞典的醃鯡魚氣味非常難聞，所以在世界上非常有名。你知道世界上還有什麼奇怪的醃製食品嗎？格陵蘭因紐特人的「醃海雀」絕對榜上有名！

因紐特人主要居住在北極圈附近極為寒冷的地區，例如格陵蘭、美國北部的阿拉斯加、加拿大的魁北克等等。他們在全世界約有 18 萬人口，而醃海雀就是因紐特人的傳統菜式。這種菜式到底有多奇怪？

醃海雀的特別之處是——牠是在海豹肚子裏醃製的！因紐特人捕捉海豹後，會把牠們的身體和內臟清理乾淨，只留下厚厚的皮和脂肪，然後在海豹皮裏塞滿數百隻海雀，再把海豹肚子縫起來，用油塗封。胖胖的海豹會和肚裏的海雀一起被埋到地下，開始長時間的醃製。半年至兩年後，醃海雀就完成了！

海豹「出土」後，因紐特人會把海雀拿出來，拔掉牠們的羽毛，清洗後生吃海雀的肉，吸食牠們的汁液……嗯，好像有點噁心。難道因紐特人都是野人，所以才喜歡生吃醃海雀嗎？

答案當然不是這樣。其實這與他們的生活環境有關。北極圈的天氣惡劣，植物難以生長，食物的種類不多，冬季時更難以狩獵，而製作了醃海雀，就能保障冬天能夠吃肉，而海雀的內臟含有豐富的維他命，可以說是因紐特人的營養補充劑！

不過，並不是所有雀鳥都可以用來生醃的。2013 年，當地人曾改用絨鴨製作「醃鴨子」，這道菜聽起來雖然比醃海雀可口，但卻令人賠上性命！因為絨鴨不像海雀一樣能完全發酵，結果出現肉毒桿菌，令吃掉醃鴨子的人一命嗚呼！看來我們做菜時也不能隨便發揮創意啊。

北極圈的傳統料理這麼可怕，還是留在香港吃其他大餐好了！

天空會流血嗎？

說起「紅雨」，你可能會想起香港的紅色暴雨警告信號，但世界上竟然真的有些地方會下紅雨呢！到底是怎麼一回事？

早在古希臘時期，詩人荷馬就曾在史詩《伊利亞特》之中描寫過血紅色的雨。那時候，人們缺乏科學的知識，真的以為是天空在流血，認為這是不祥之兆。到了近代，人們再遇上下紅雨的情況，雖然震驚，但開始嘗試用科學的角度解釋這些現象。

紅雨之中可能真的含有血水，例如在 1841 年，美國有紅雨混合肉塊和難聞的氣味降到地上的記載，有人猜測這是龍捲風捲起了處於腐爛狀態的動物所致。1869 年，一群喜歡吃腐肉的禿鷹經過美國加州，正好當時天空正在下雨，雨水洗刷掉禿鷹身上的血水和肉塊，便變成真正的「血雨」。

有時候，暴風會捲起地上的紅土，令紅色的土壤與雨水混合，變成紅色的雨。英國出現的紅雨就是撒哈拉沙漠的紅土混合雨水形成的。

2013 年，在印度南部的喀拉拉邦傾盆而下的紅雨則比較特別。紅雨斷斷續續下了幾星期，當地的河流更被雨水染成紅色，市民涉水而行時，就好像走進血河一樣！調查發現紅雨的出現可能與地衣（真菌與藻類的共生體）中的藻類孢子有關。雨季期間，當地的地衣大量生長，數之不盡的孢子產生，這些含有紅色微粒，又輕又細的孢子漂浮在空氣之中，混入雲層，然後跟着雨水回到地面。孢子的紅色成分混進雨水，紅雨便形成了。

不過，報告並未能解釋為什麼大量孢子會同時釋放。有學者提出其他看法，認為可能是彗星在喀拉拉邦上空解體，釋放出紅色粒子，而這些粒子含有的有機物質，可能是來自外星的生物，但這樣的說法仍沒有確實的證據支持。

真沒想到紅雨這種現象，會困擾人類那麼多年，不知道什麼時候人們才能真正理解這些奇怪的事物？

教科書沒有告訴你的奇趣冷知識 不思議篇

編者	明報出版社編輯部
助理出版經理	林沛暘
責任編輯	陳志倩
文字協力	潘沛雯
繪畫	Yuthon
美術設計	張思婷
出版	明窗出版社
發行	明報出版社有限公司 香港柴灣嘉業街 18 號 明報工業中心 A 座 15 樓
電話	2595 3215
傳真	2898 2646
網址	http://books.mingpao.com/
電子郵箱	mpp@mingpao.com
版次	二〇二四年三月初版
ISBN	978-988-8829-13-2
承印	美雅印刷製本有限公司